U0744524

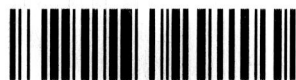

国家中等职业教育改革发展示范学校
项目建设系列教材编委会

主　任： 余少辉

副主任： 邓大贤

成　员： 覃矫文　李峰峻　曾国彬　刘宇丹　唐小健

侯燕辉　罗　灵　张　婷　黄少飞　谭建辉

陈庆华　赏　兰　何素玲　李海虹　罗世雄

谢文艳　李韶平　董大平　张群宣　黎志钢

王佳佳　叶志坚　张　洁　廖佩琚

文清年　（韶关市旅游局局长）

卢东华　（韶关市旅游局副局长）

张　辉　（广东技术师范学院教授）

左磐石　（韶关学院地理与旅游学院教授）

林欣宏　（广东唯康教育科技股份有限公司区域经理）

李东剑　（韶关市新明业电脑科技有限公司总经理）

黎运权　（韶关市方安电力工程监理有限公司技术总监）

国家中等职业教育改革发展示范学校项目建设系列教材

Photoshop
实训教程

曾国彬　主编
冯千山　副主编

暨南大學出版社
JINAN UNIVERSITY PRESS
中国·广州

图书在版编目（CIP）数据

Photoshop 实训教程 / 曾国彬主编；冯千山副主编 . —广州：暨南大学出版社，2015. 4
（国家中等职业教育改革发展示范学校项目建设系列教材）
ISBN 978 - 7 - 5668 - 1440 - 1

Ⅰ. ① Photoshop… Ⅱ. ①曾… ②冯… Ⅲ. ①图像处理软件—教材 Ⅳ. ① TP391.41

中国版本图书馆 CIP 数据核字（2015）第 115497 号

出版发行：暨南大学出版社

地　址：中国广州暨南大学
电　话：总编室（8620）85221601
　　　　营销部（8620）85225284　85228291　85228292（邮购）
传　真：（8620）85221583（办公室）　85223774（营销部）
邮　编：510630
网　址：http://www.jnupress.com　http://press.jnu.edu.cn

排　版：广州联图广告有限公司
印　刷：深圳市新联美术印刷有限公司

开　本：787mm×960mm　1/16
印　张：20
字　数：398 千
版　次：2015 年 4 月第 1 版
印　次：2015 年 4 月第 1 次

定　价：46.00 元

（暨大版图书如有印装质量问题，请与出版社总编室联系调换）

人面柔肤调色素材

人面柔肤调色效果图

可选颜色命令调色调通透练习素材

可选颜色命令调色调通透练习效果图

阿宝色练习素材

阿宝色练习效果图

增加鲜艳度素材

增加鲜艳度效果图

飘雪效果制作素材

飘雪效果制作效果图

快速调出咖啡色人像片素材

快速调出咖啡色人像片效果图

动感效果制作素材

动感效果制作效果图

晚霞渲染素材

晚霞渲染效果图

多重曝光素材

多重曝光效果图

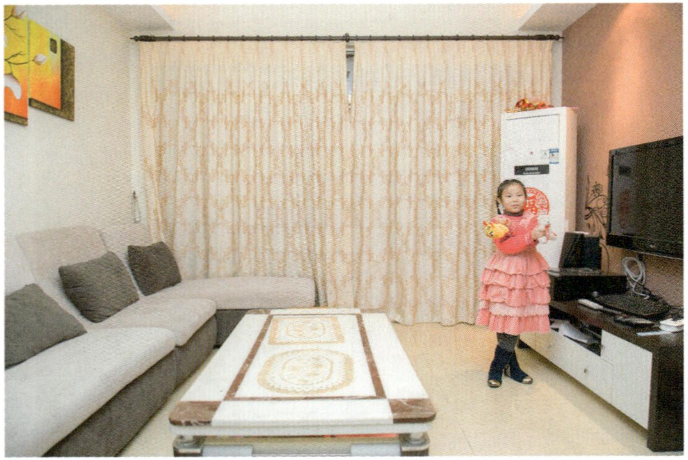

趣味蒙版素材 1

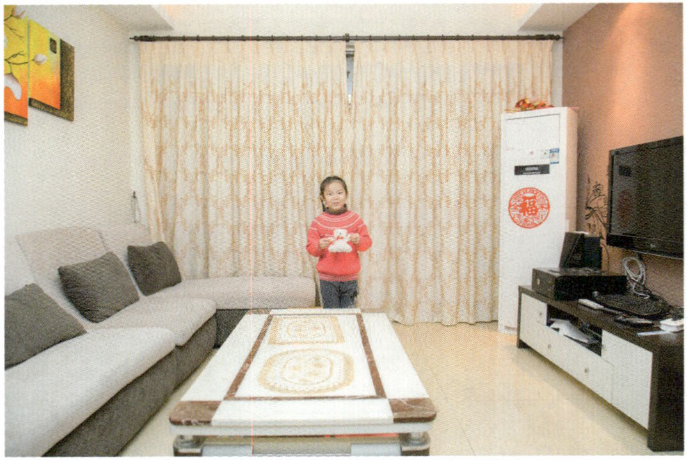

趣味蒙版素材 2

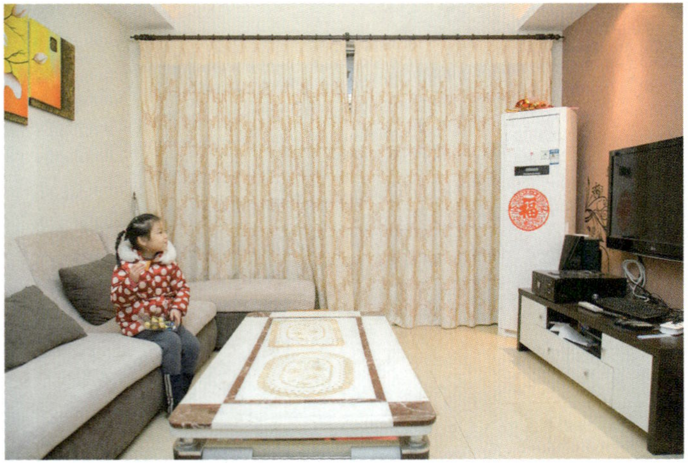

趣味蒙版素材 3

趣味蒙版效果图

总　序

中等职业教育作为国民教育序列的重要组成部分，占据了我国中等教育的半壁江山。中等职业教育承担了为社会经济发展培养和输送中级技能型人才的主要任务，承担了促进中职学生成人、成德、成才的教育任务。因此，中等职业学校的教材必须具有人文教育性、职业特色性和紧随社会经济发展的时代性。

随着社会经济发展和产业结构的转型升级，中等职业教育将进入发展的新常态。社会经济发展对技能型人才的要求也将提出新的标准。社会对技能型人才要求的核心集中在“德技”二字。为此，我们提出“德技树人、德技立身”的职业教育理念，并强调：我们中职教育的教材要成为培养学生“德技”的载体，成为塑造学生良好品德、培养学生良好职业素养和现代职业技能的载体。基于此，我们成立了由教育、行业、企业等领域的专家组成的编纂委员会，指导我校旅游服务与管理、计算机网络技术和电子与信息技术等三个国家示范校重点建设专业的教材编写。在专家的引领下，同时根据社会经济发展、行业特点、岗位特点以及教育规律，我们编写了这套系列教材，以期更好地为培养适应社会经济发展的技能型人才服务。我们相信，这套系列教材能够充分体现理论与技能并重、行业标准与培养目标结合的职业教育特色。

在本套教材的编写过程中，我们参考了大量的文献和专著，并得到了广东省著名教育专家姜蕙女士、广东技术师范学院张辉教授以及韶关市旅游局有关领导的大力支持，在此一并对这些教育专家、行业企业专家以及相关编者、作者致以感谢。

韶关市中等职业技术学校校长

2015 年 3 月

前　言

在现代设计领域中，无论你有多好的想法或美术基础，光靠在纸上手绘图像是远远不能满足设计需求的，只有通过在图像处理软件中制作图像作品，才能提高工作效率。因此，越来越多的人认识到图像处理软件的重要性，而 Photoshop 软件则是图像处理应用中使用最广泛的软件。随着计算机技术的逐渐普及，运用 Photoshop 软件处理图像不再是专业人士的“专利”，越来越多想从事平面广告或数码摄影领域的人士也逐渐加入这一行列。

本书从一个图像处理初学者的角度出发，合理安排知识点，不介绍 Photoshop 的具体命令，打破常规 Photoshop 教材按命令菜单编写章节的模式，选择摄影业图片处理人员日常工作中最常使用的技法为内容，以图片配文字的形式表述实际操作的步骤，使学习者可在短时间内掌握摄影业图片处理的技能。本书特别适合摄影业图片处理人员、各类培训学校、中职中专作为相关课程的教材使用，也可供图像处理的初、中级计算机用户，平面设计人员和各行各业需要处理图像的人员作为参考书使用。

本书以 Photoshop CS3 为基础，采用项目教学法编写，附配套素材，共有 40 个实例，课后设有“提问与小结”“老师的话”“思考与练习”板块，便于学习者总结归纳与提高。

本书配套素材可在暨南大学出版社网站（http://www.jnupress.com）“资源下载”栏目下载。

由于编者水平有限，书中错漏之处在所难免。敬请读者指正。

编　者

2015 年 3 月

目　录

第 1 课　去除人面痘斑

一、引言

再美丽的女孩，其皮肤也会有各种各样的瑕疵，痘斑总是难免。去除痘斑往往是美化照片的第一步。本课的目的是使同学们学会利用修复工具去除痘斑的方法。

二、素材与效果

图 1–1　去除人面痘斑素材

图 1–2　去除人面痘斑效果图

三、使用工具与命令

修复工具。

四、制作过程

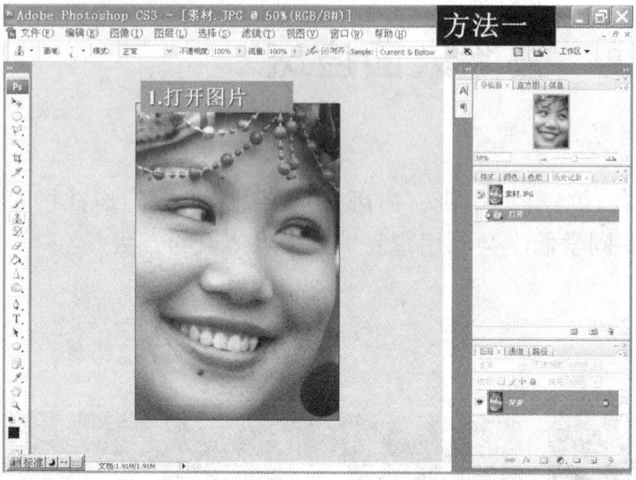
Adobe Photoshop CS3 - [素材.JPG @ 50%(RGB/8#)]
方法一
1.打开图片

图 1–3　去除人面痘斑方法一步骤 1

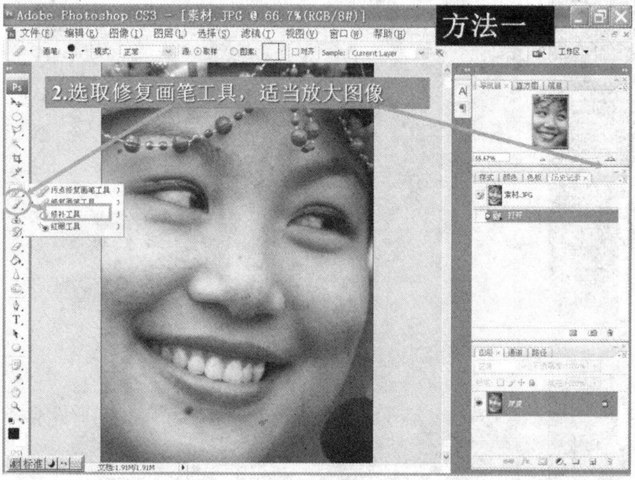
Adobe Photoshop CS3 - [素材.JPG @ 66.7%(RGB/8#)]
方法一
2.选取修复画笔工具，适当放大图像

图 1–4　去除人面痘斑方法一步骤 2

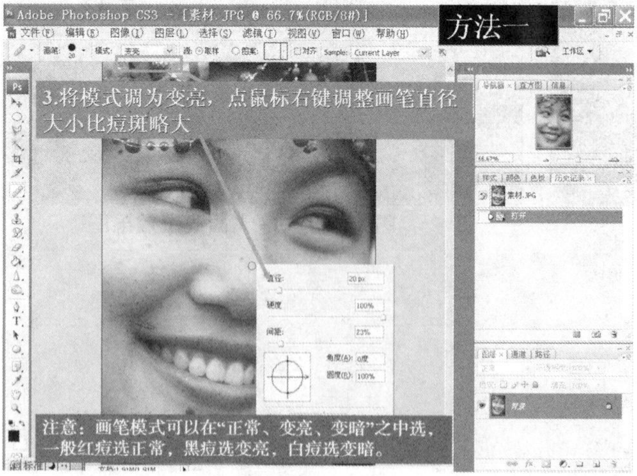
Adobe Photoshop CS3 - [素材.JPG @ 66.7%(RGB/8#)]
方法一
3.将模式调为变亮，点鼠标右键调整画笔直径大小比痘斑略大
注意：画笔模式可以在“正常、变亮、变暗”之中选，一般红痘选正常，黑痘选变亮，白痘选变暗。

图 1–5　去除人面痘斑方法一步骤 3

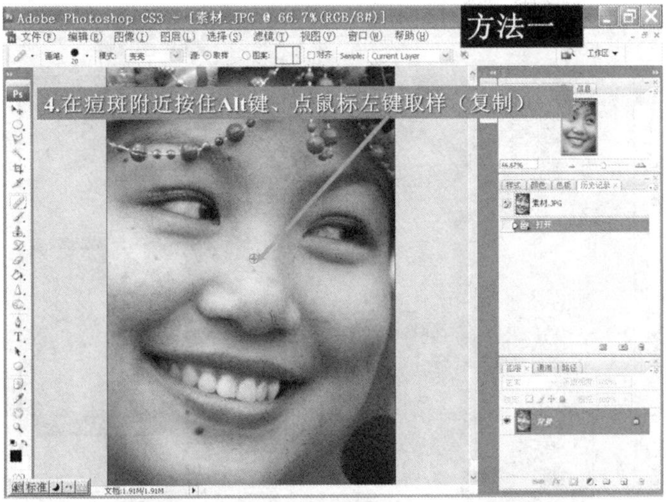
Adobe Photoshop CS3 - [素材.JPG @ 66.7%(RGB/8#)]
方法一
4.在痘斑附近按住Alt键、点鼠标左键取样（复制）

图 1–6　去除人面痘斑方法一步骤 4

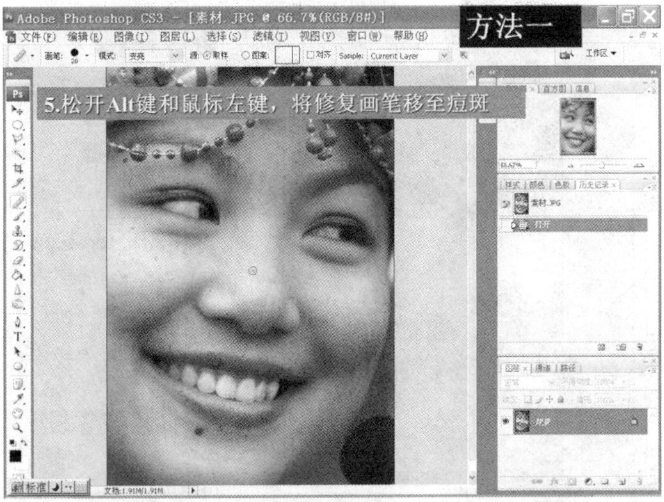
Adobe Photoshop CS3 - [素材.JPG @ 66.7%(RGB/8#)]
方法一
5.松开Alt键和鼠标左键，将修复画笔移至痘斑

图 1–7　去除人面痘斑方法一步骤 5

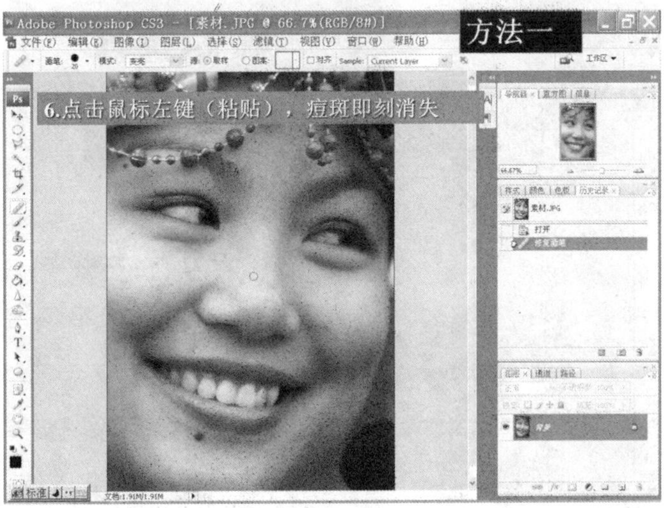
Adobe Photoshop CS3 - [素材.JPG @ 66.7%(RGB/8#)]
方法一
6.点击鼠标左键（粘贴），痘斑即刻消失

图 1–8　去除人面痘斑方法一步骤 6

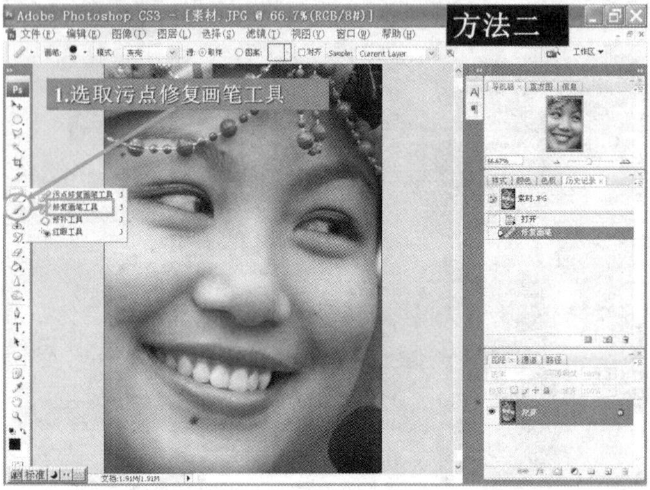
Adobe Photoshop CS3 - [素材.JPG @ 66.7%(RGB/8#)]
方法二
1.选取污点修复画笔工具

图 1–9　去除人面痘斑方法二步骤 1

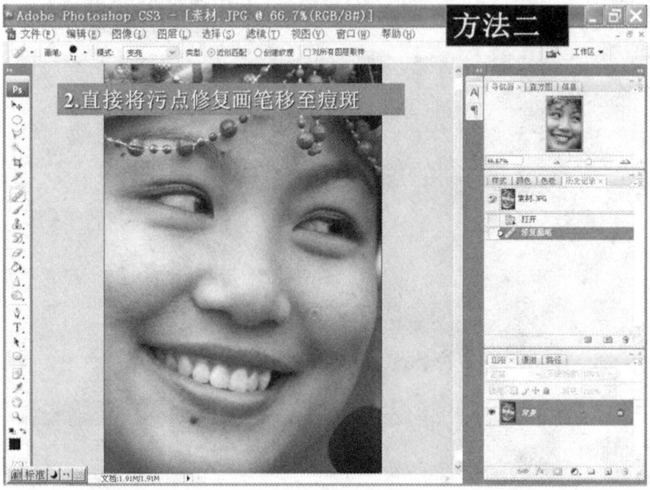
Adobe Photoshop CS3 - [素材.JPG @ 66.7%(RGB/8#)]
方法二
2.直接将污点修复画笔移至痘斑

图 1–10　去除人面痘斑方法二步骤 2

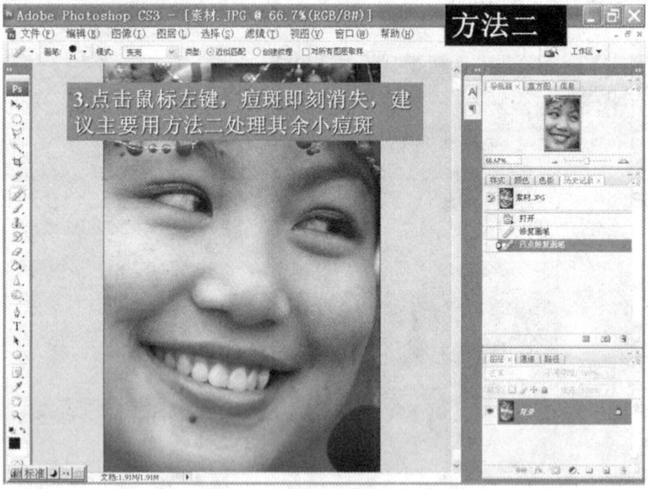
Adobe Photoshop CS3 - [素材.JPG @ 66.7%(RGB/8#)]
方法二
3.点击鼠标左键，痘斑即刻消失，建议主要用方法二处理其余小痘斑

图 1–11　去除人面痘斑方法二步骤 3

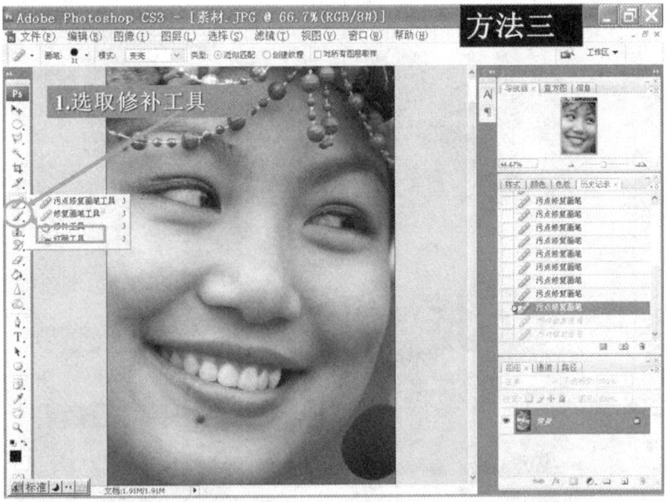
Adobe Photoshop CS3 - [素材.JPG @ 66.7%(RGB/8#)]
方法三
文件(F) 编辑(E) 图像(I) 图层(L) 选择(S) 滤镜(T) 视图(V) 窗口(W) 帮助(H)
1.选取修补工具

图 1–12　去除人面痘斑方法三步骤 1

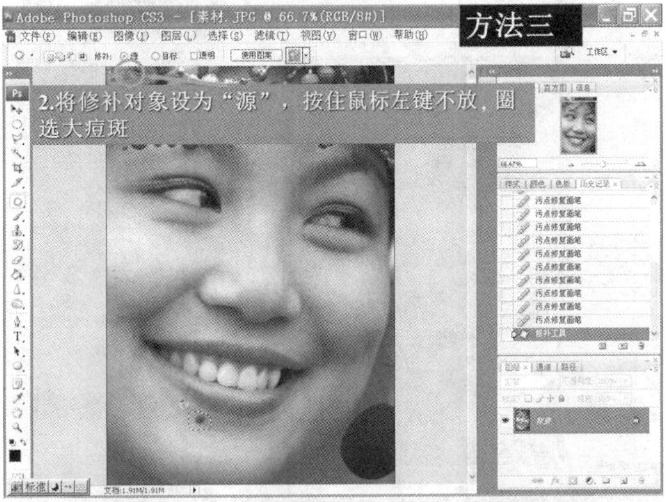
Adobe Photoshop CS3 - [素材.JPG @ 66.7%(RGB/8#)]
方法三
文件(F) 编辑(E) 图像(I) 图层(L) 选择(S) 滤镜(T) 视图(V) 窗口(W) 帮助(H)
2.将修补对象设为“源”，按住鼠标左键不放，圈选大痘斑

图 1–13　去除人面痘斑方法三步骤 2

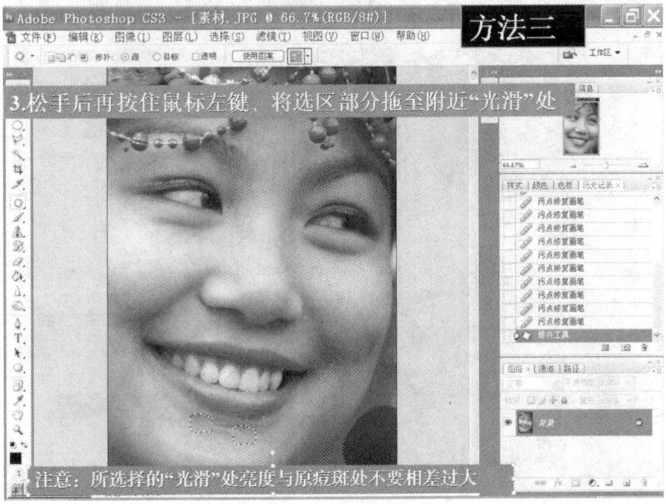
Adobe Photoshop CS3 - [素材.JPG @ 66.7%(RGB/8#)]
方法三
文件(F) 编辑(E) 图像(I) 图层(L) 选择(S) 滤镜(T) 视图(V) 窗口(W) 帮助(H)
3.松手后再按住鼠标左键，将选区部分拖至附近“光滑”处
注意：所选择的“光滑”处亮度与原痘斑处不要相差过大

图 1–14　去除人面痘斑方法三步骤 3

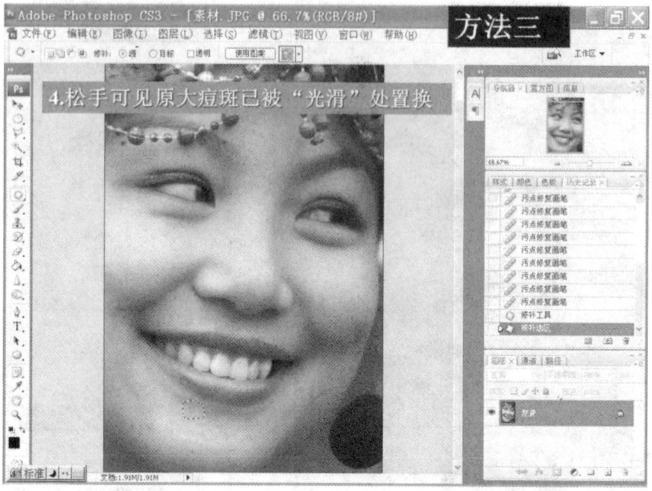
Adobe Photoshop CS3 - [素材.JPG @ 66.7%(RGB/8#)]
方法三
4.松手可见原大痘斑已被"光滑"处置换

图 1–15　去除人面痘斑方法三步骤 4

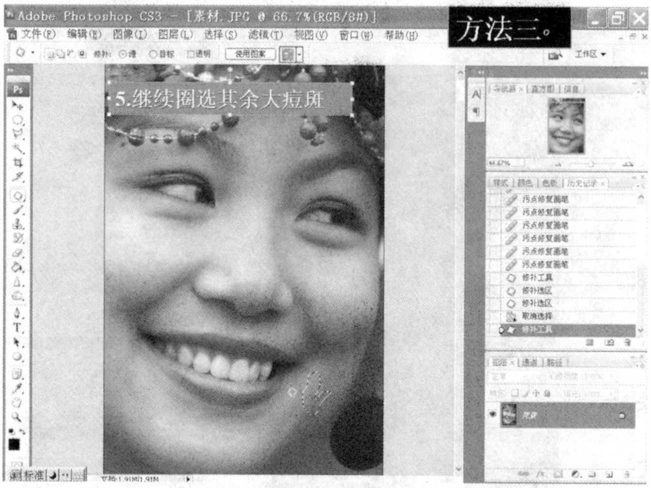
Adobe Photoshop CS3 - [素材.JPG @ 66.7%(RGB/8#)]
方法三。
5.继续圈选其余大痘斑

图 1–16　去除人面痘斑方法三步骤 5

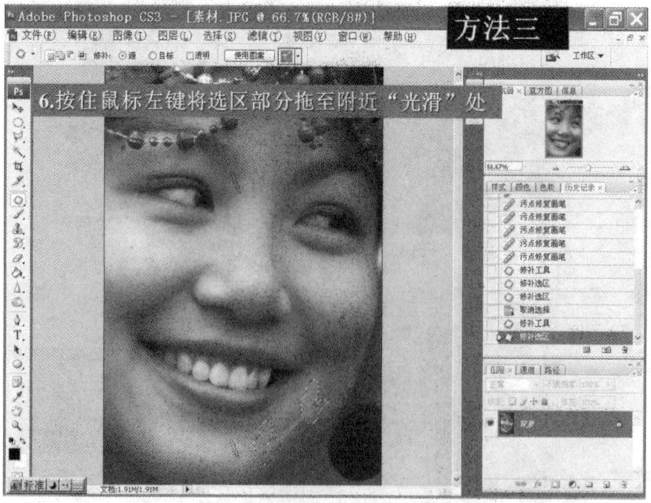
Adobe Photoshop CS3 - [素材.JPG @ 66.7%(RGB/8#)]
方法三
6.按住鼠标左键将选区部分拖至附近"光滑"处

图 1–17　去除人面痘斑方法三步骤 6

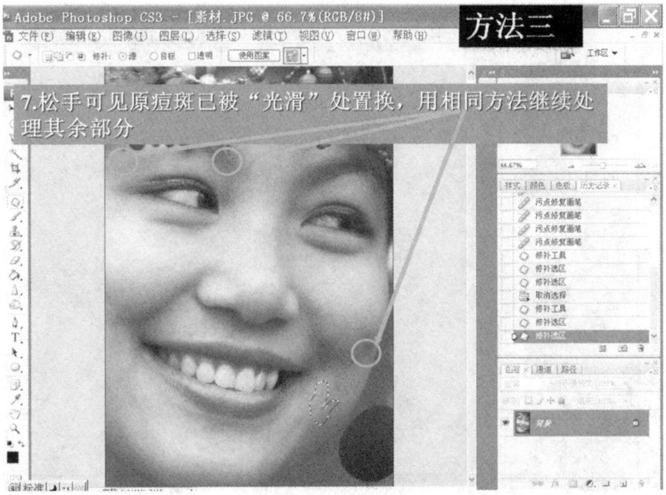

图 1-18　去除人面痘斑方法三步
　　　　骤 7

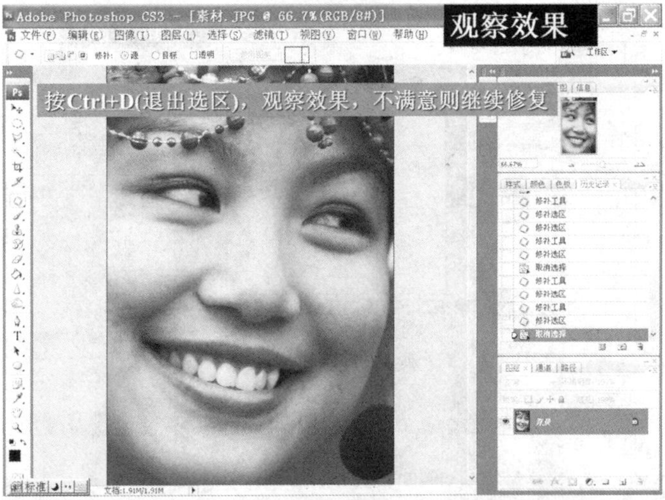

图 1-19　观察效果

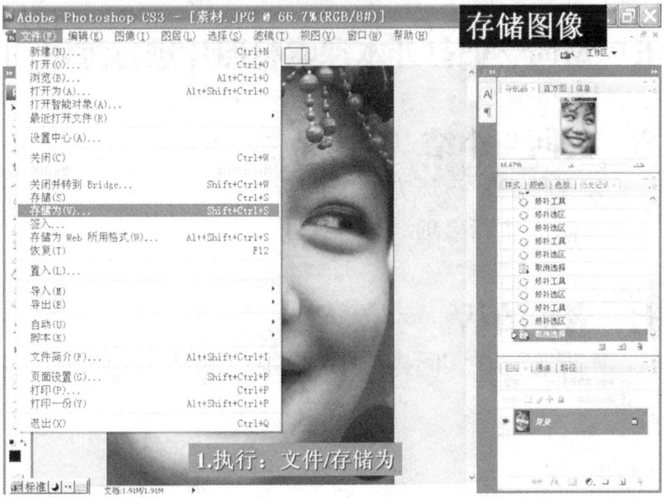

图 1-20　存储图像步骤 1

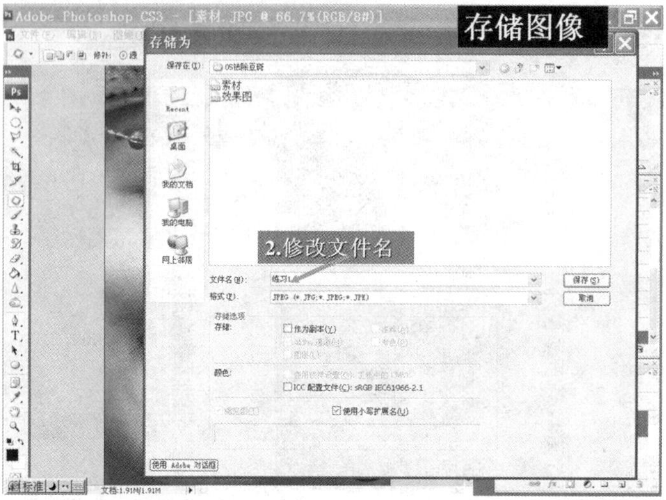
存储图像
2.修改文件名

图 1-21　存储图像步骤 2

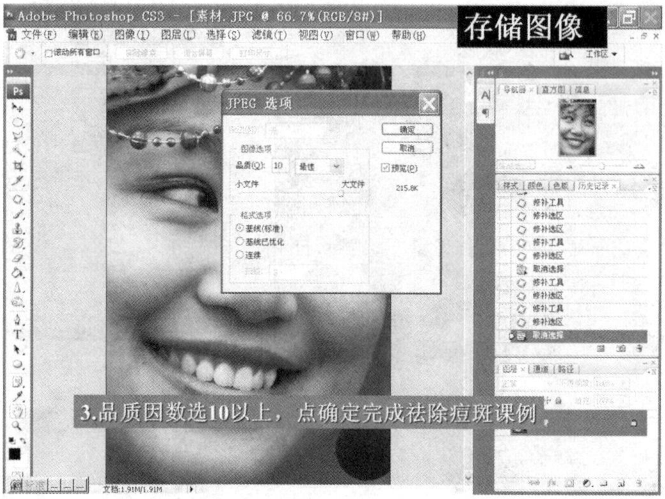
存储图像
3.品质因数选10以上，点确定完成祛除痘斑课例

图 1-22　存储图像步骤 3

五、请同学们打开本课素材照片进行练习

六、提问与小结

1. 三种去除痘斑方法与分析。
2. 使用注意事项。

七、老师的话

本课方法在实际操作中并不限于处理人面，也可以用于去除画面的多余杂物。

八、思考与练习

1. 三种去除痘斑的方法各有什么特点？
2. 一般情况下用哪种方法好？去除较大范围的痘斑用哪种方法好？

第 2 课　淡化眼袋

一、引言

岁月不饶人，眼袋及鱼尾纹总在不经意间爬上人们的脸庞，在照片上更是显得相当碍眼。

本课的目的是使同学们学会利用修补工具和仿制图章工具淡化眼袋的方法。

二、素材与效果

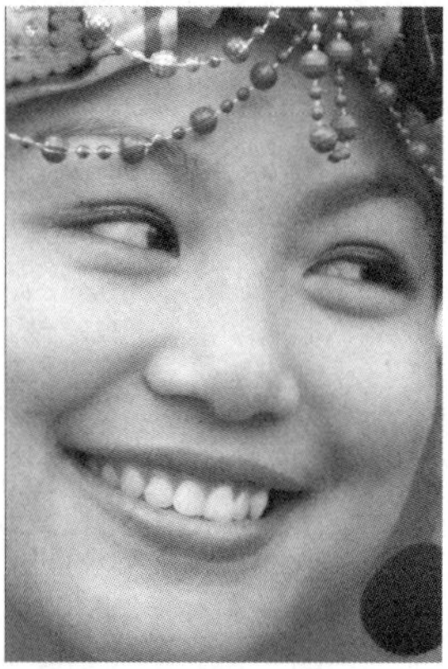

图 2-1　淡化眼袋素

图 2-2　淡化眼袋效果图 1

图 2-3　淡化眼袋效果图 2

三、使用工具与命令

修补工具和仿制图章工具。

四、制作过程

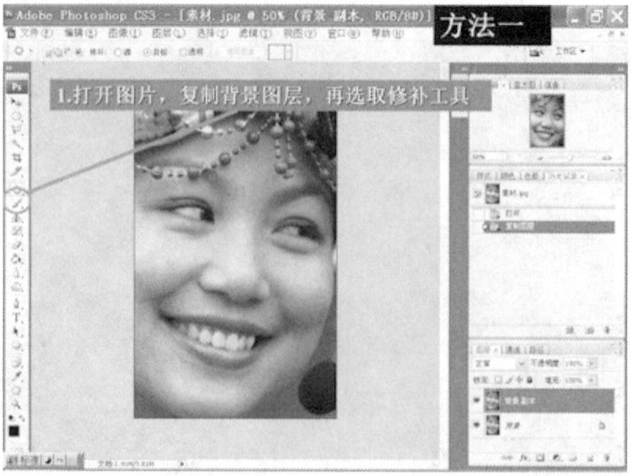
方法一
1.打开图片，复制背景图层，再选取修补工具

图 2-4　淡化眼袋方法一步骤 1

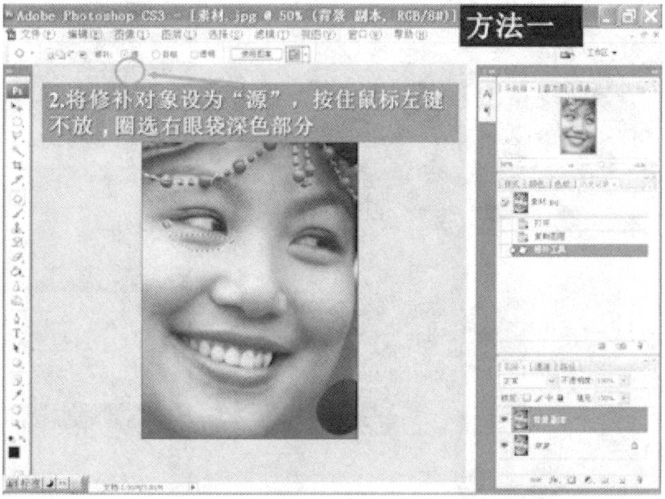
Adobe Photoshop CS3 - [素材.jpg @ 50% (背景 副本, RGB/8#)]
方法一
2.将修补对象设为“源”，按住鼠标左键不放，圈选右眼袋深色部分

图 2–5　淡化眼袋方法一步骤 2

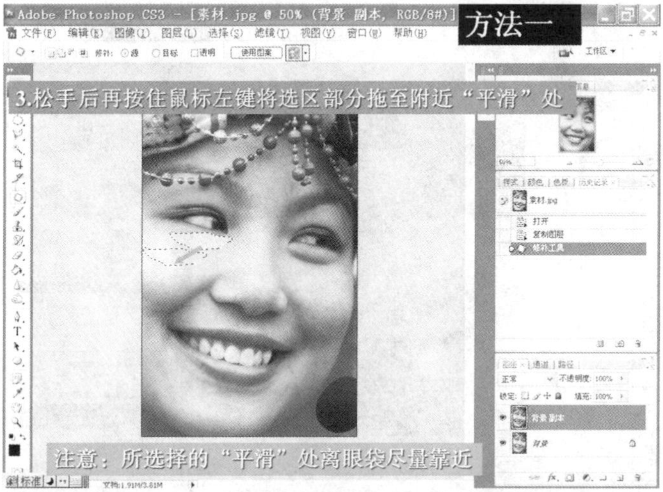
Adobe Photoshop CS3 - [素材.jpg @ 50% (背景 副本, RGB/8#)]
方法一
3.松手后再按住鼠标左键将选区部分拖至附近“平滑”处
注意：所选择的“平滑”处离眼袋尽量靠近

图 2–6　淡化眼袋方法一步骤 3

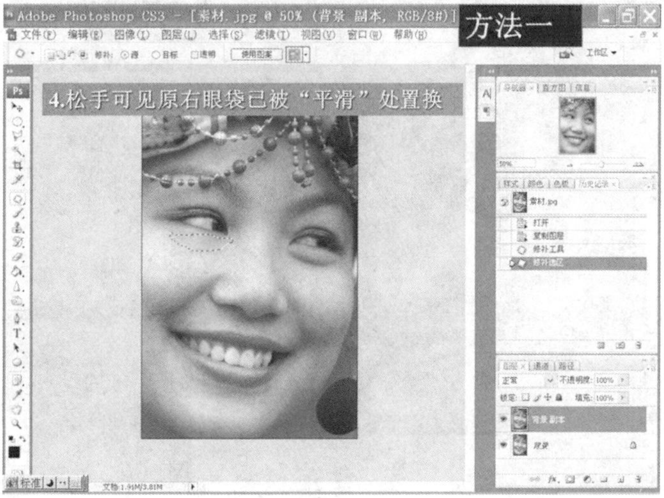
Adobe Photoshop CS3 - [素材.jpg @ 50% (背景 副本, RGB/8#)]
方法一
4.松手可见原右眼袋已被“平滑”处置换

图2–7　淡化眼袋方法一步骤4

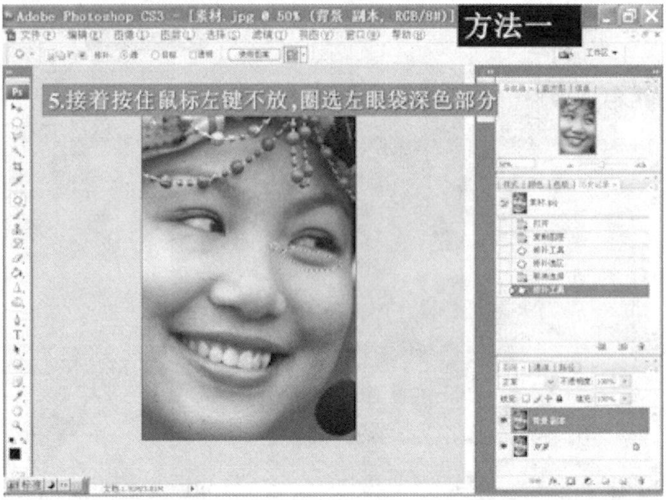
Adobe Photoshop CS3 - [素材.jpg @ 50% (背景 副本, RGB/8#)]
方法一
5.接着按住鼠标左键不放，圈选左眼袋深色部分

图 2-8　淡化眼袋方法一步骤 5

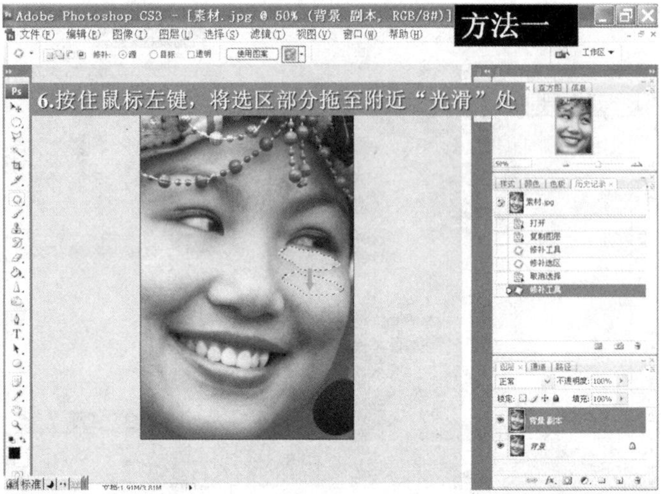
Adobe Photoshop CS3 - [素材.jpg @ 50% (背景 副本, RGB/8#)]
方法一
6.按住鼠标左键，将选区部分拖至附近“光滑”处

图 2-9　淡化眼袋方法一步骤 6

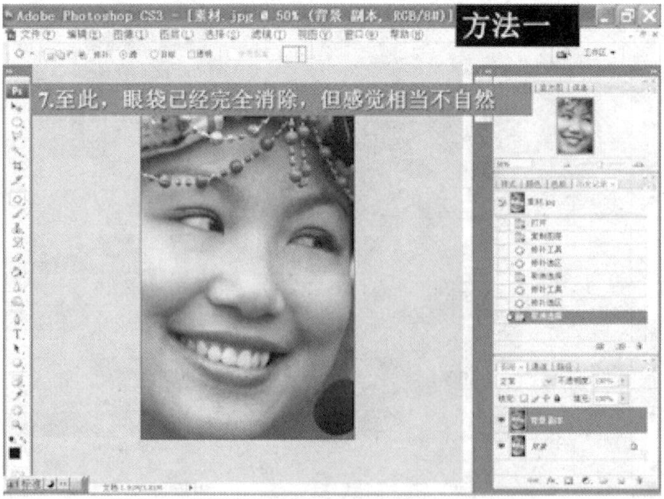
Adobe Photoshop CS3 - [素材.jpg @ 50% (背景 副本, RGB/8#)]
方法一
7.至此，眼袋已经完全消除，但感觉相当不自然

图 2-10　淡化眼袋方法一步骤 7

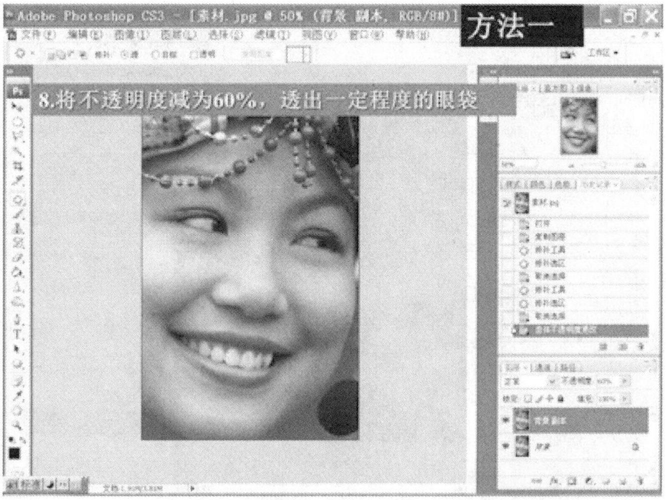

图 2–11　淡化眼袋方法一步骤 8

图 2–12　淡化眼袋方法一步骤 9

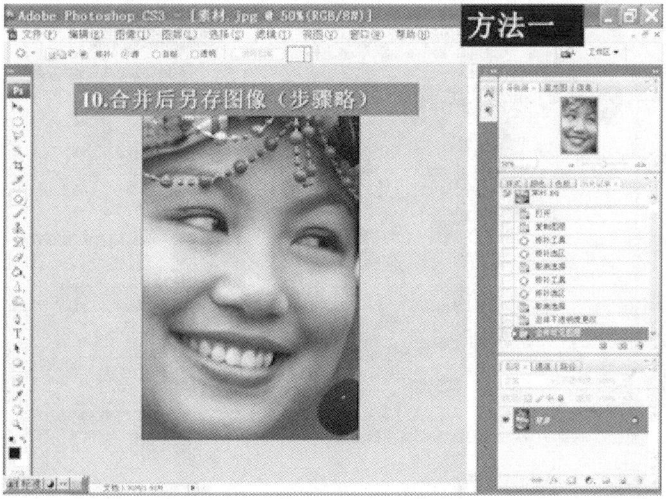

图 2–13　淡化眼袋方法一步骤 10

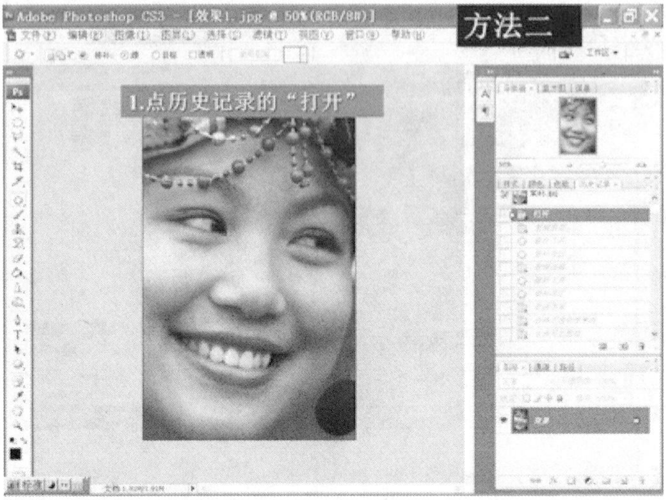
方法二
1.点历史记录的"打开"

图 2-14　淡化眼袋方法二步骤 1

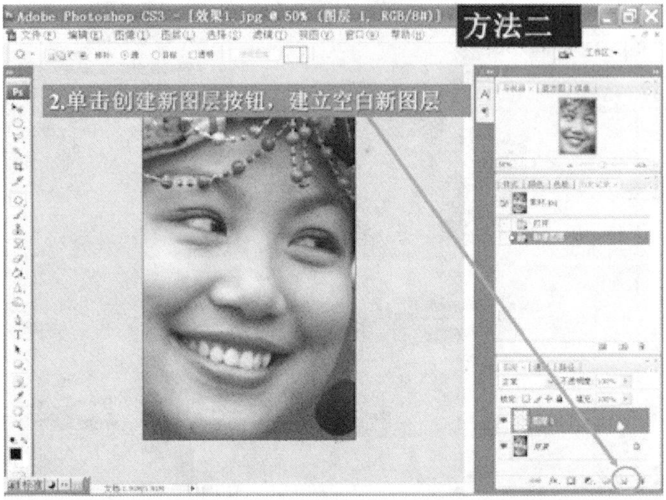
方法二
2.单击创建新图层按钮，建立空白新图层

图 2-15　淡化眼袋方法二步骤 2

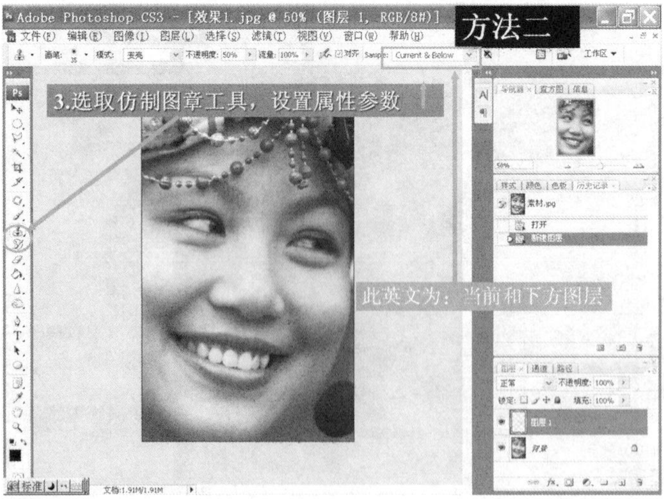
方法二
3.选取仿制图章工具，设置属性参数
此英文为：当前和下方图层

图 2-16　淡化眼袋方法二步骤 3

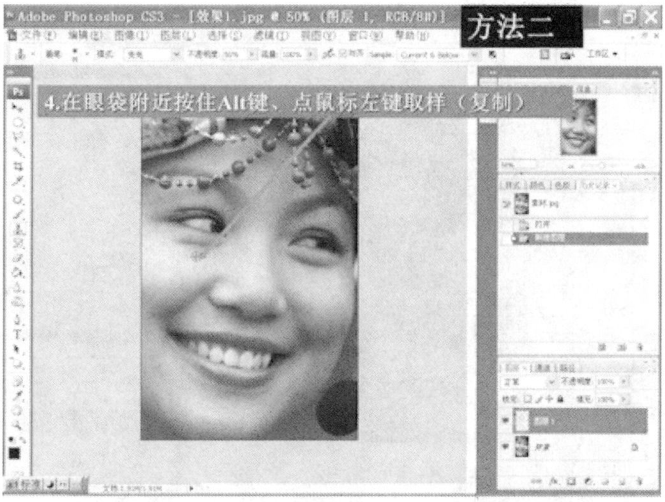
Adobe Photoshop CS3 - [效果1.jpg @ 50% (图层 1, RGB/8#)]
方法二
4.在眼袋附近按住Alt键、点鼠标左键取样（复制）

图 2–17　淡化眼袋方法二步骤 4

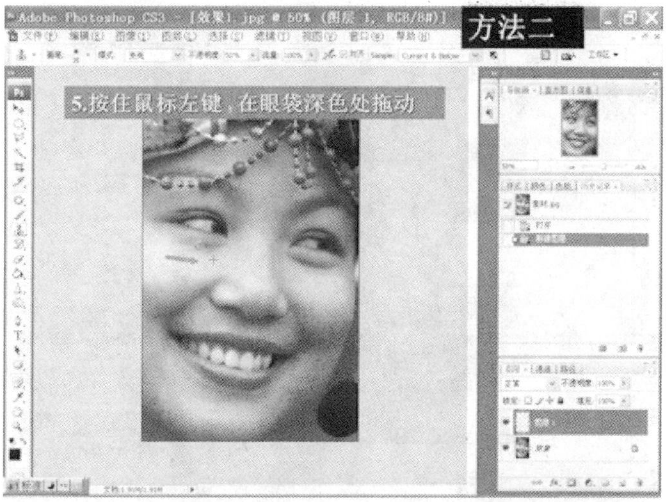
Adobe Photoshop CS3 - [效果1.jpg @ 50% (图层 1, RGB/8#)]
方法二
5.按住鼠标左键，在眼袋深色处拖动

图 2–18　淡化眼袋方法二步骤 5

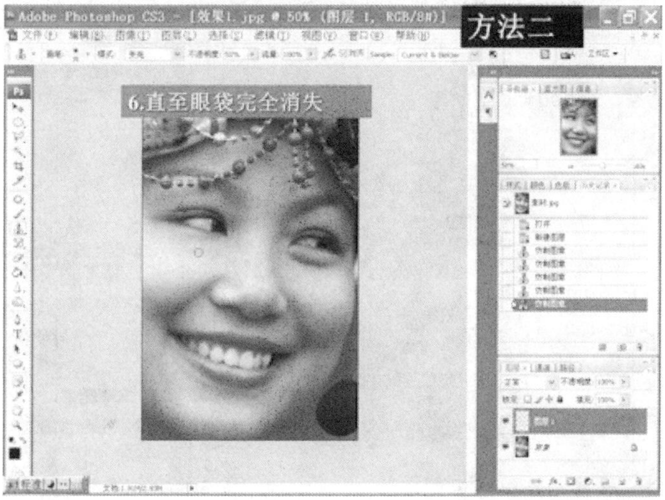
Adobe Photoshop CS3 - [效果1.jpg @ 50% (图层 1, RGB/8#)]
方法二
6.直至眼袋完全消失

图 2–19　淡化眼袋方法二步骤 6

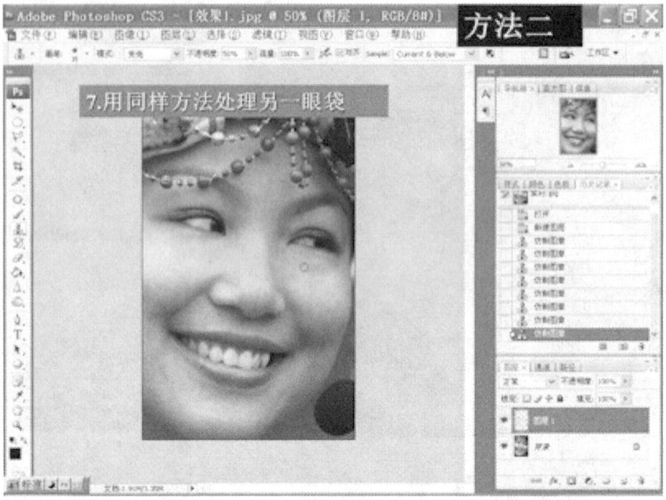
Adobe Photoshop CS3 - [效果1.jpg @ 50% (图层 1, RGB/8#)]
方法二
7.用同样方法处理另一眼袋

图 2–20　淡化眼袋方法二步骤 7

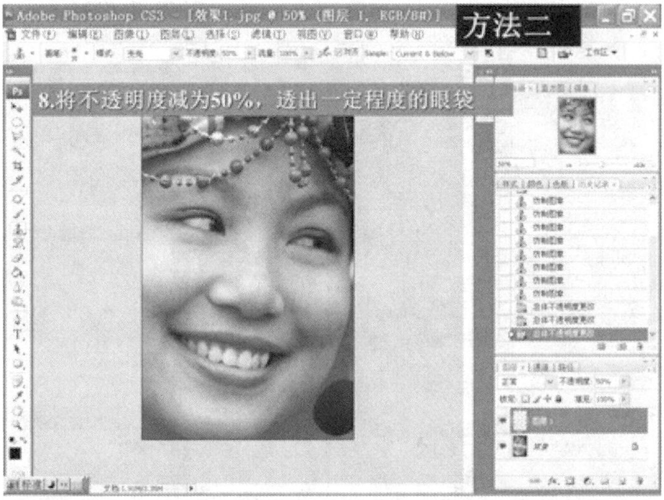
Adobe Photoshop CS3 - [效果1.jpg @ 50% (图层 1, RGB/8#)]
方法二
8.将不透明度减为50%，透出一定程度的眼袋

图 2–21　淡化眼袋方法二步骤 8

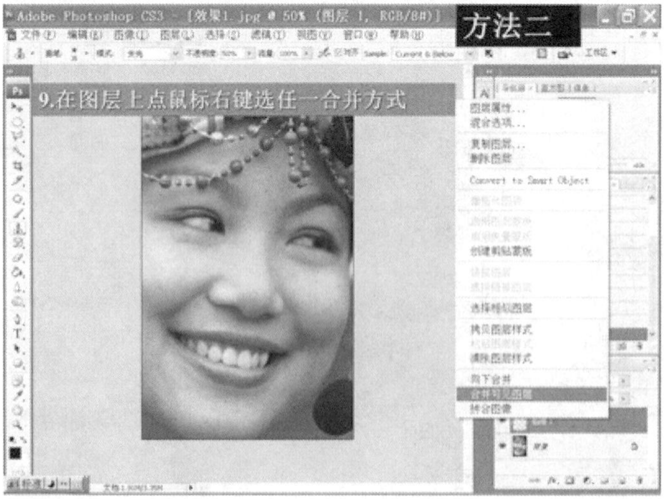
Adobe Photoshop CS3 - [效果1.jpg @ 50% (图层 1, RGB/8#)]
方法二
9.在图层上点鼠标右键选任一合并方式

图 2–22　淡化眼袋方法二步骤 9

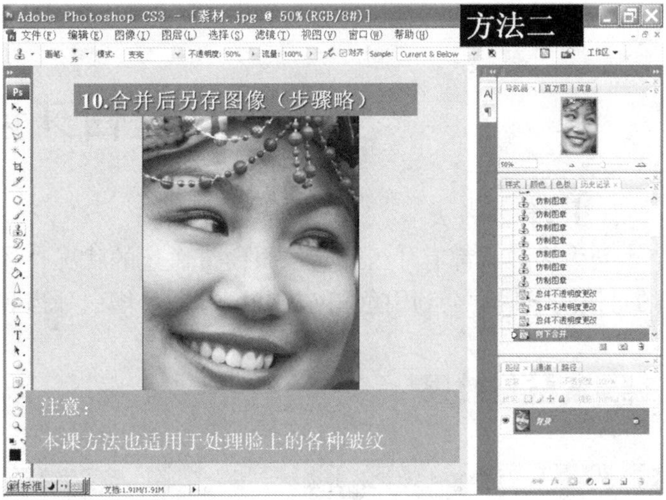
Adobe Photoshop CS3 - [素材.jpg @ 50%(RGB/8#)]
方法二
10.合并后另存图像（步骤略）
注意：
本课方法也适用于处理脸上的各种皱纹

图 2–23 淡化眼袋方法二步骤 10

五、请同学们打开本课素材照片进行练习

六、提问与小结

1. 两种淡化眼袋的方法分析。

2. 保留一定程度眼袋的目的。

七、老师的话

彻底消除眼袋往往就像换了一个人，所以一般都要保留最低限度的眼袋（将老太婆美化成少女除外）。

八、思考与练习

1. 两种淡化眼袋的方法哪种好？为什么？

2. 为什么最好不要完全消除眼袋？

第 3 课　美白牙齿与眼白

一、引言

大多数人都有牙齿偏黄、眼白带血丝的状况，在特写照片中尤为突出。本课的目的是使同学们学会利用色相 / 饱和度等命令增白牙齿和眼白的方法。

二、素材与效果

图 3–1　美白牙齿与眼白素材

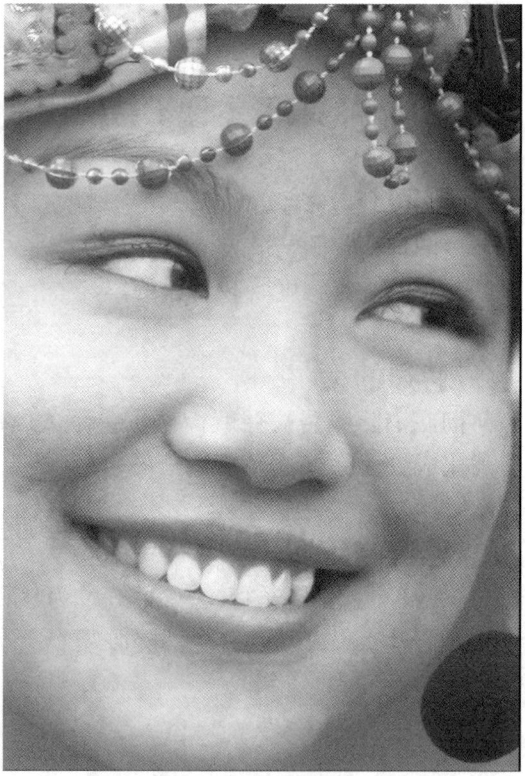

图 3–2　美白牙齿与眼白效果图

三、使用工具与命令

磁性套索工具，色相 / 饱和度，亮度 / 对比度，曲线。

四、制作过程

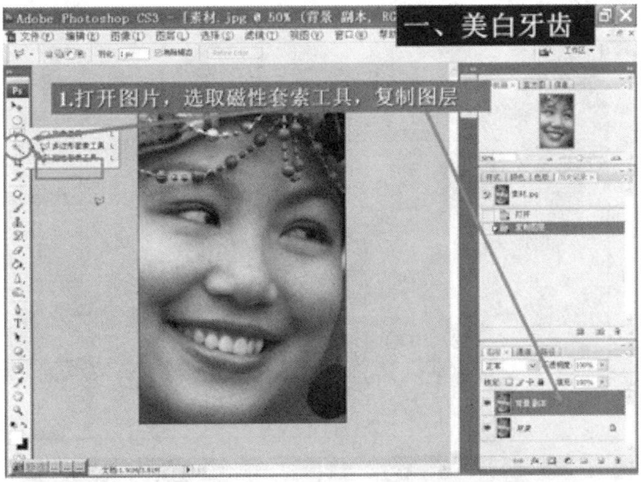
一、美白牙齿
1.打开图片，选取磁性套索工具，复制图层

图 3–3　美白牙齿步骤 1

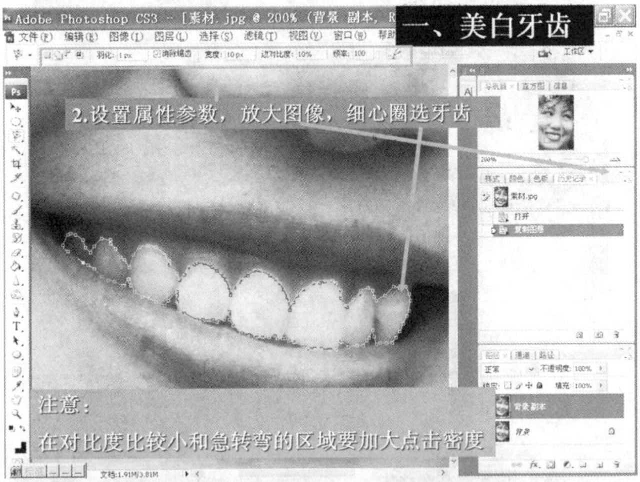
一、美白牙齿
2.设置属性参数，放大图像，细心圈选牙齿
注意：
在对比度比较小和急转弯的区域要加大点击密度

图 3–4　美白牙齿步骤 2

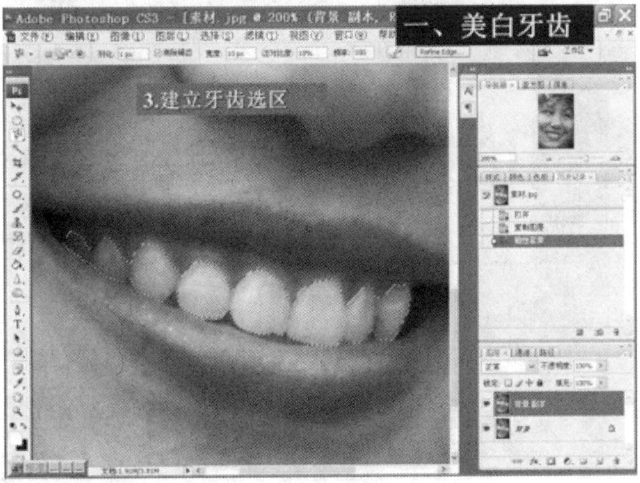
一、美白牙齿
3.建立牙齿选区

图 3–5　美白牙齿步骤 3

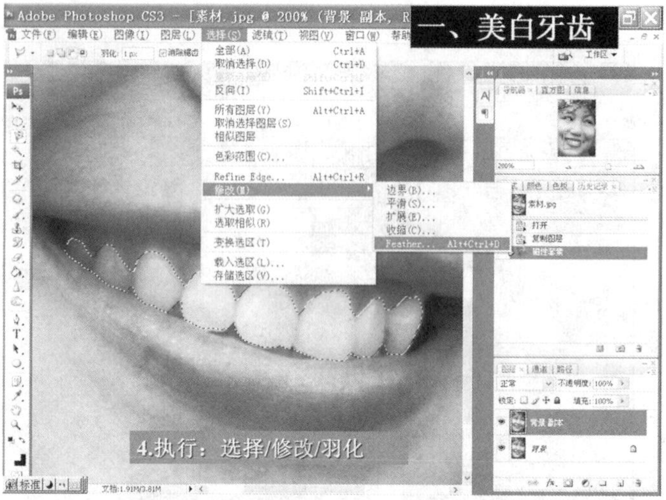
一、美白牙齿
4.执行：选择/修改/羽化

图 3–6　美白牙齿步骤 4

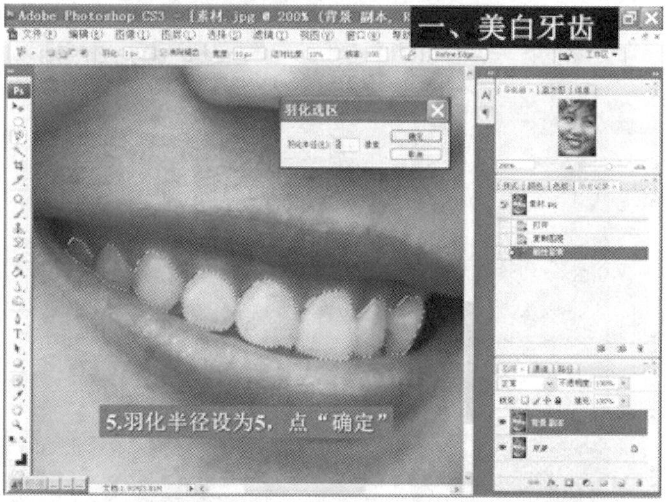
一、美白牙齿
羽化选区
5.羽化半径设为5，点“确定”

图 3–7　美白牙齿步骤 5

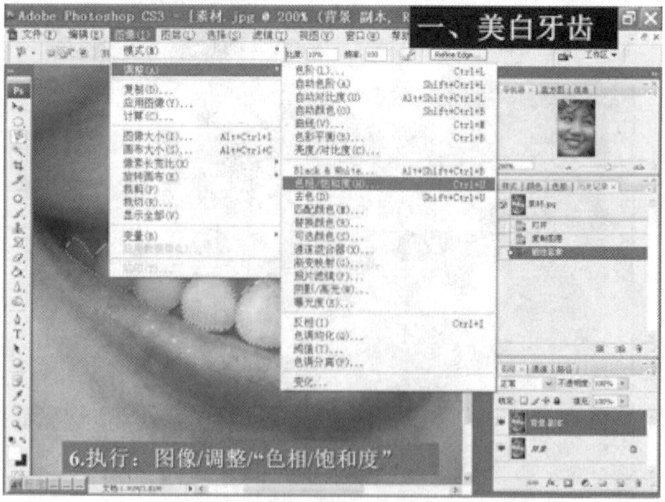
一、美白牙齿
6.执行：图像/调整/“色相/饱和度”

图 3–8　美白牙齿步骤 6

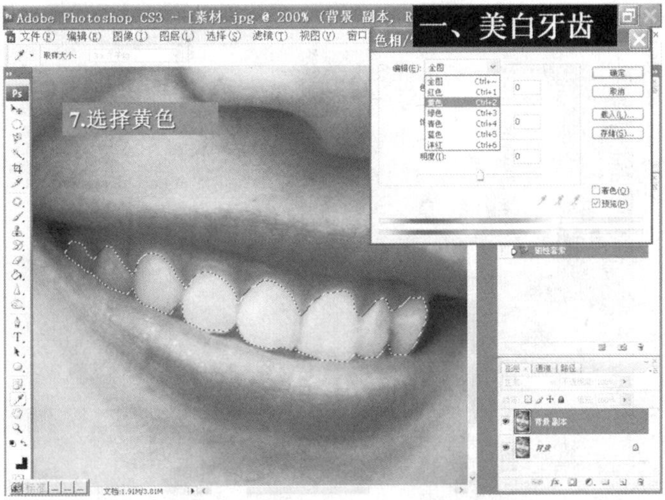
Adobe Photoshop CS3 - [素材.jpg @ 200% (背景 副本, R
一、美白牙齿
7.选择黄色

图 3-9　美白牙齿步骤 7

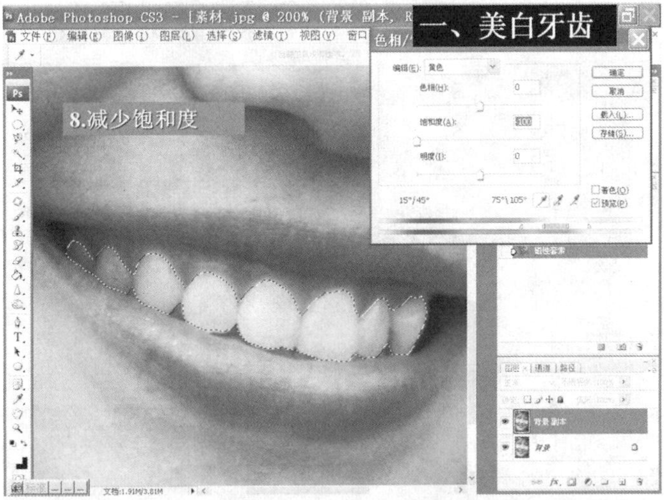
Adobe Photoshop CS3 - [素材.jpg @ 200% (背景 副本, R
一、美白牙齿
8.减少饱和度

图 3-10　美白牙齿步骤 8

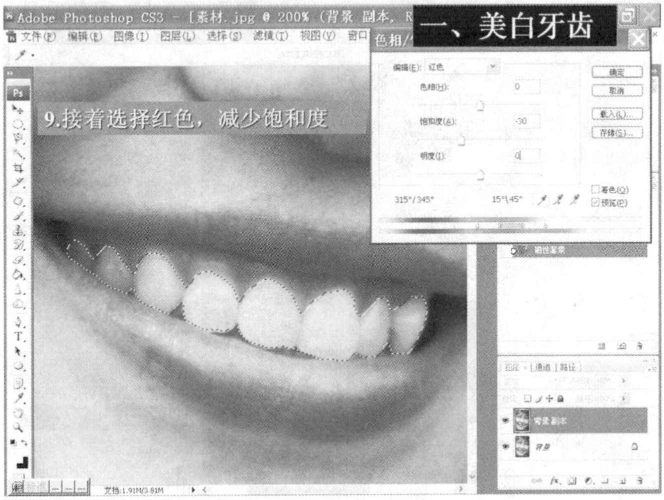
Adobe Photoshop CS3 - [素材.jpg @ 200% (背景 副本, R
一、美白牙齿
9.接着选择红色，减少饱和度

图 3-11　美白牙齿步骤 9

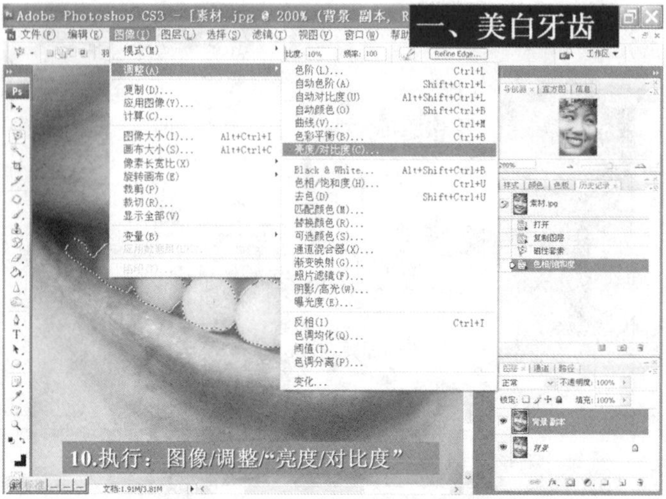
Adobe Photoshop CS3 - [素材.jpg @ 200% (背景 副本, R
一、美白牙齿
10.执行：图像/调整/“亮度/对比度”

图 3–12　美白牙齿步骤 10

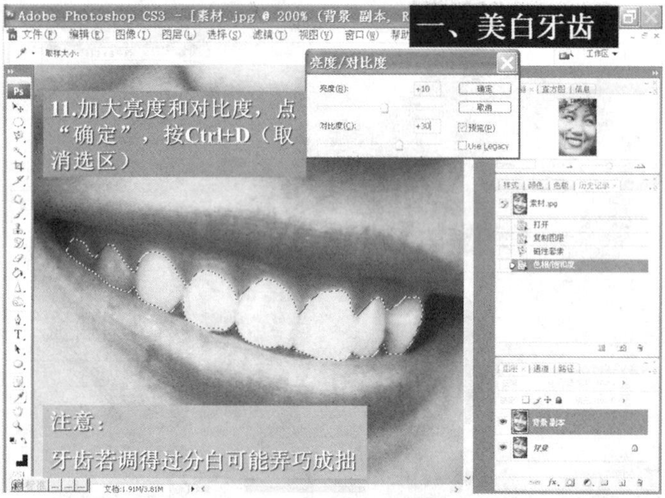
Adobe Photoshop CS3 - [素材.jpg @ 200% (背景 副本, R
一、美白牙齿
亮度/对比度
11.加大亮度和对比度，点“确定”，按Ctrl+D（取消选区）
注意：
牙齿若调得过分白可能弄巧成拙

图 3–13　美白牙齿步骤 11

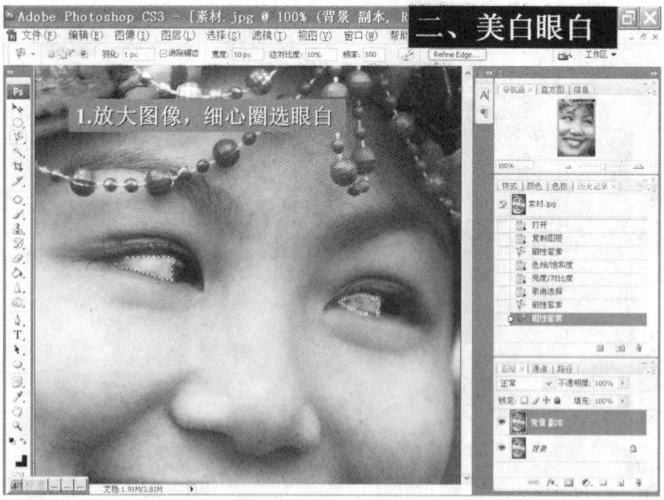
Adobe Photoshop CS3 - [素材.jpg @ 100% (背景 副本, R
二、美白眼白
1.放大图像，细心圈选眼白

图 3–14　美白眼白步骤 1

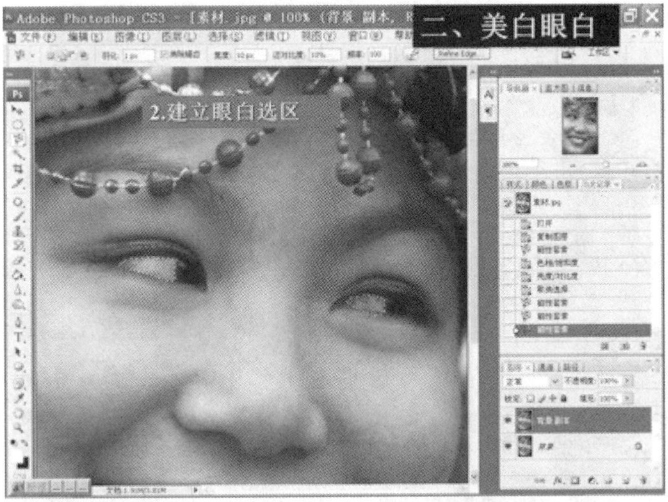
Adobe Photoshop CS3
二、美白眼白
2.建立眼白选区

图 3–15　美白眼白步骤 2

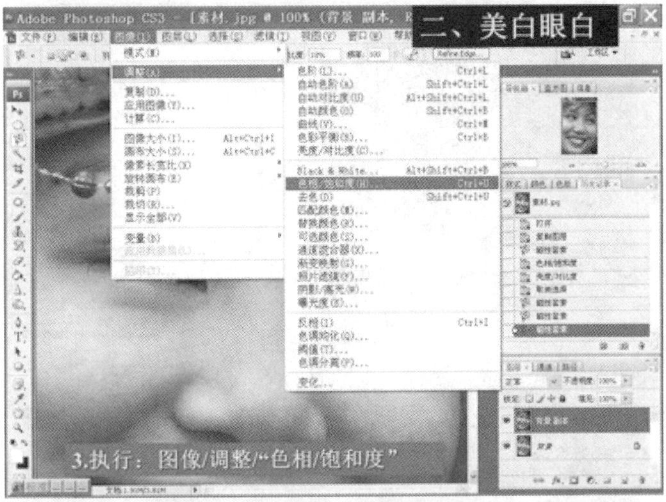
Adobe Photoshop CS3
二、美白眼白
3.执行：图像/调整/“色相/饱和度”

图 3–16　美白眼白步骤 3

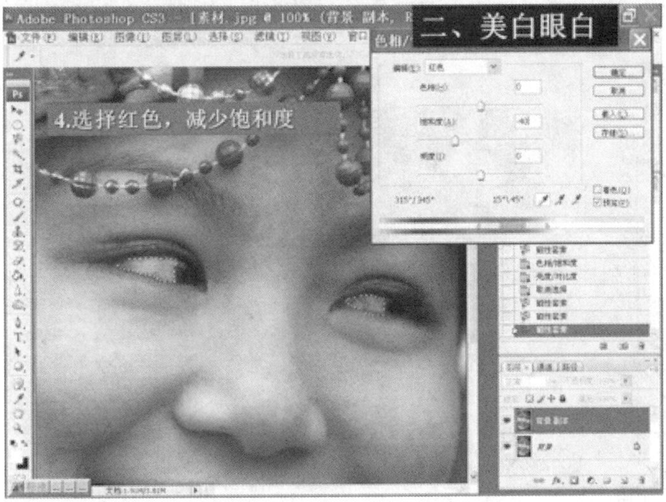
Adobe Photoshop CS3
二、美白眼白
4.选择红色，减少饱和度

图 3–17　美白眼白步骤 4

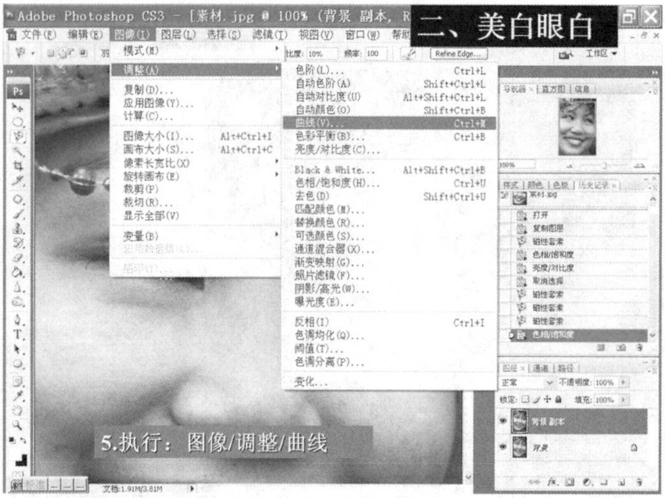
二、美白眼白
5.执行：图像/调整/曲线

图 3–18　美白眼白步骤 5

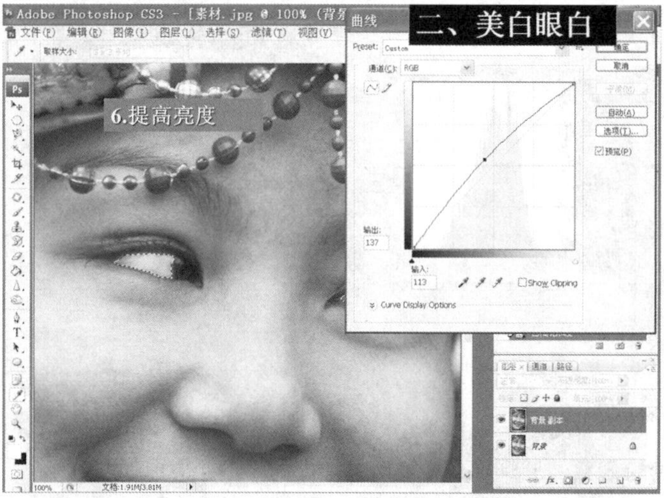
二、美白眼白
6.提高亮度

图 3–19　美白眼白步骤 6

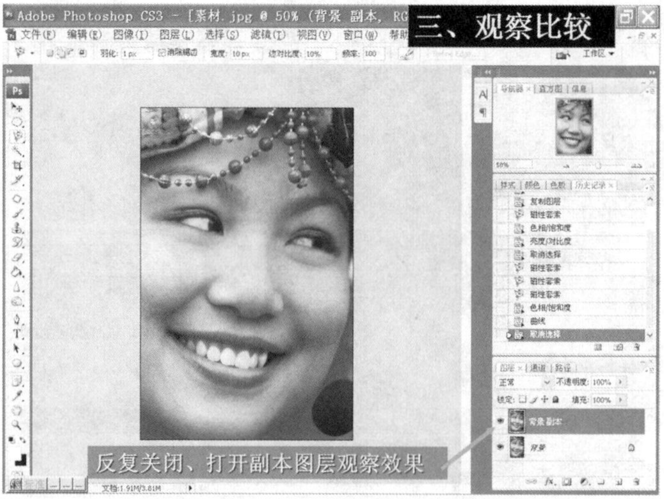
三、观察比较
反复关闭、打开副本图层观察效果

图 3–20　观察比较

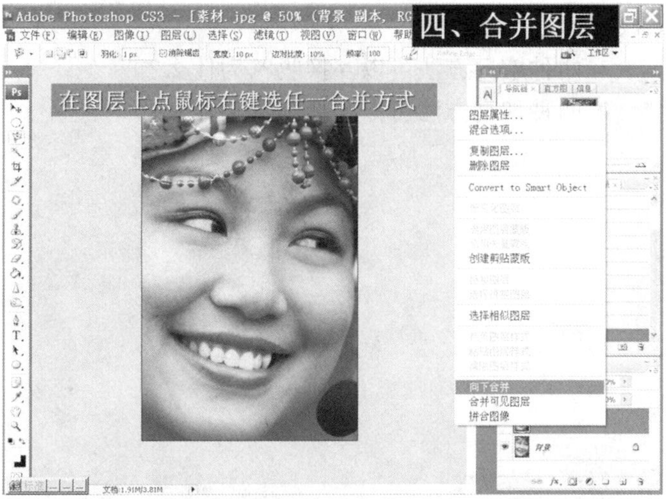

图 3-21　合并图层

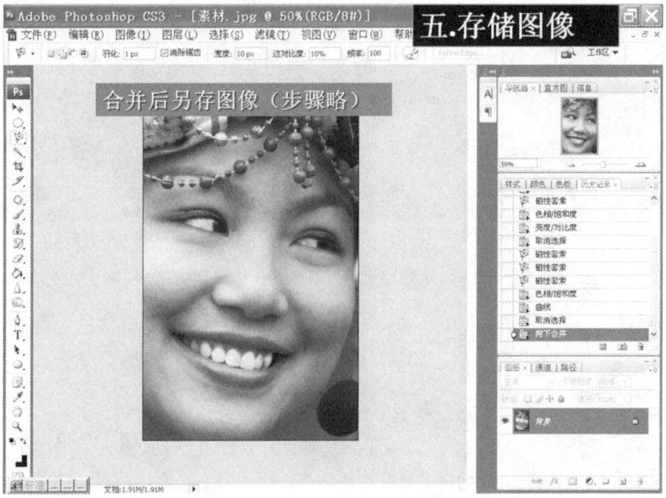

图 3-22　存储图像

五、请同学们打开本课素材照片进行练习

六、提问与小结

1. 两种增白方法的比较。

2. 两种增加亮度方法的比较。

七、老师的话

洁白整齐的牙齿一定会为容貌加分，但在非特殊情况下，对图中的牙齿进行增白要适可而止。

八、思考与练习

1. 两种增白方法可以互换吗？为什么？
2. 两种加亮方法可以互换吗？为什么？

第 4 课　图层、蒙版快速入门

一、引言

图层、蒙版是 Photoshop 的主要特色，但同时也是许多人学习 Photoshop 遇到的第一个“拦路虎”。本课的小练习，可以使同学们轻松地闯过这一关。

二、素材与效果

图 4–1　图层、蒙版练习素材

图 4–2　图层、蒙版练习效果图

三、使用工具与命令

曲线、图层、前景色、画笔、蒙版。

四、制作过程

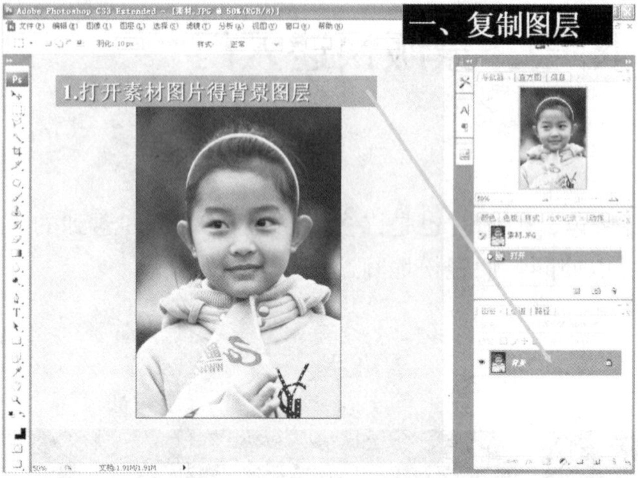
一、复制图层
1.打开素材图片得背景图层

图 4–3　复制图层步骤 1

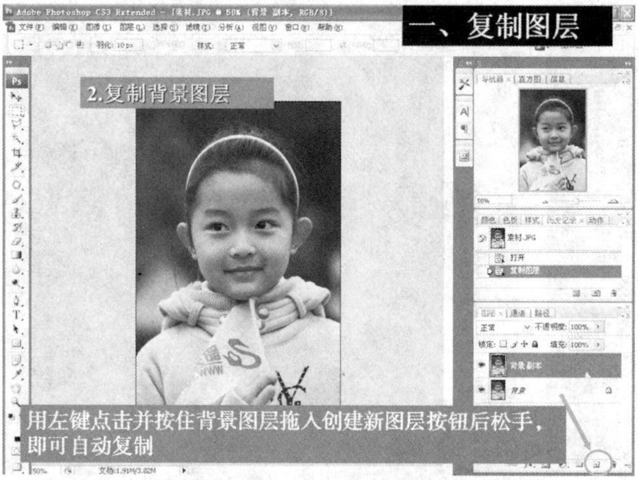
一、复制图层
2.复制背景图层
用左键点击并按住背景图层拖入创建新图层按钮后松手，即可自动复制

图 4–4　复制图层步骤 2

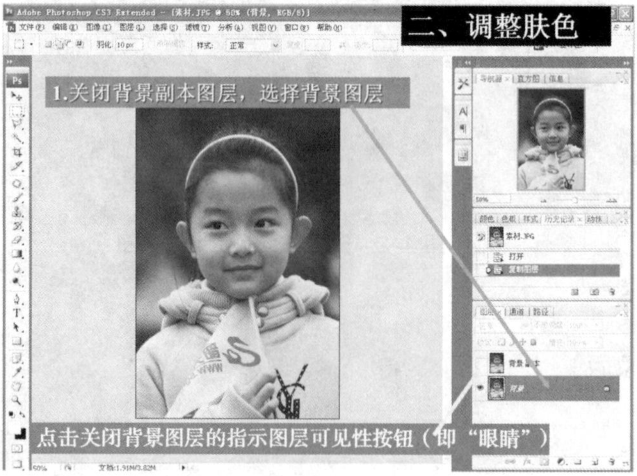
二、调整肤色
1.关闭背景副本图层，选择背景图层
点击关闭背景图层的指示图层可见性按钮（即“眼睛”）

图 4–5　调整肤色步骤 1

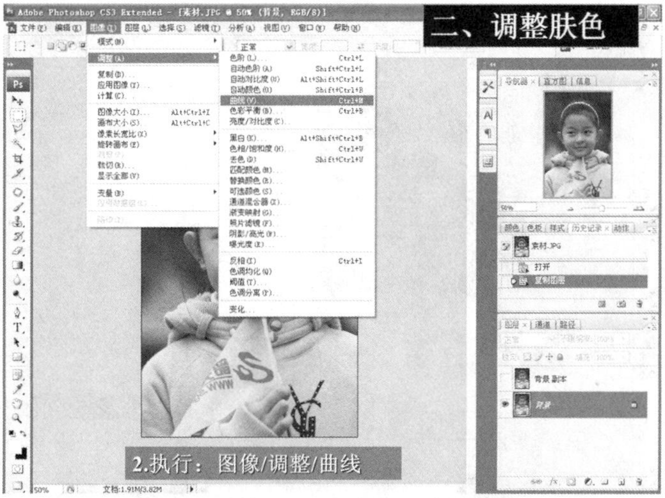
二、调整肤色
2.执行：图像/调整/曲线

图 4–6　调整肤色步骤 2

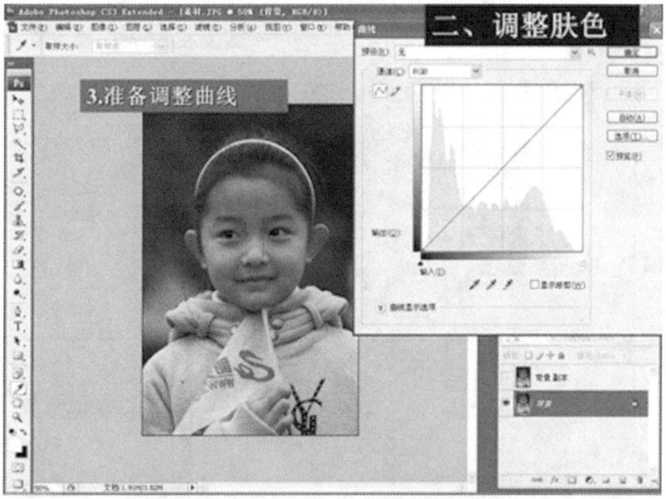
二、调整肤色
3.准备调整曲线

图 4–7　调整肤色步骤 3

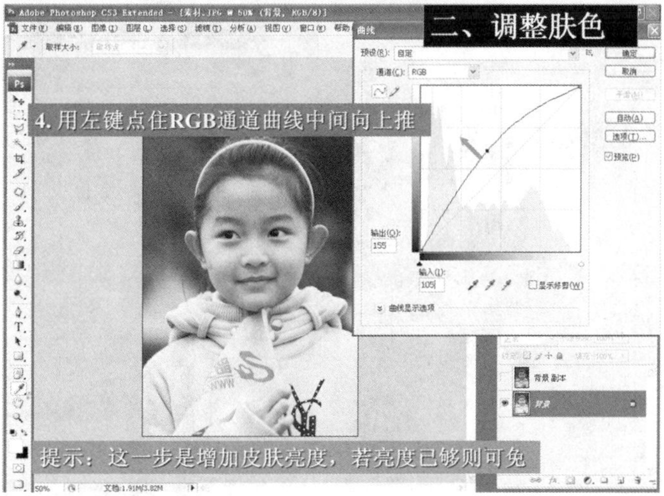
二、调整肤色
4. 用左键点住RGB通道曲线中间向上推
提示：这一步是增加皮肤亮度，若亮度已够则可免

图 4–8　调整肤色步骤 4

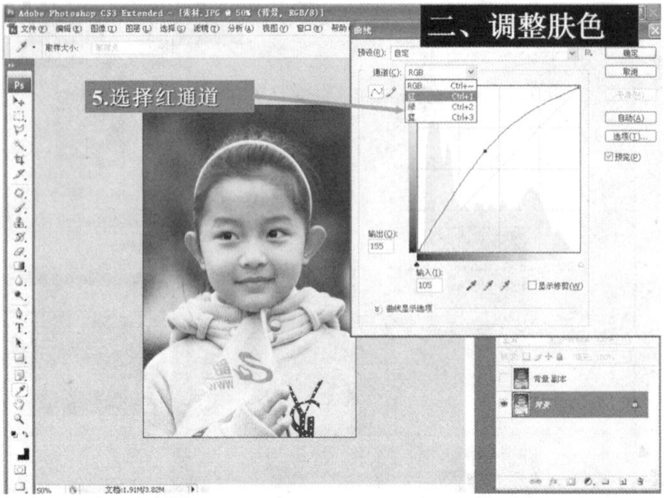
二、调整肤色
5.选择红通道

图 4-9　调整肤色步骤 5

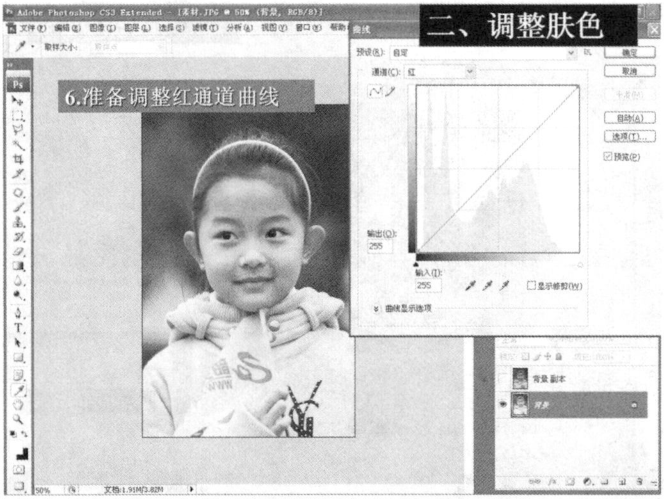
二、调整肤色
6.准备调整红通道曲线

图 4-10　调整肤色步骤 6

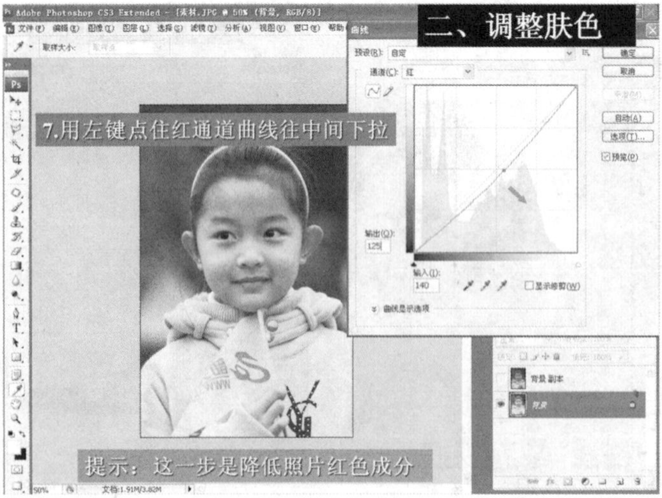
二、调整肤色
7.用左键点住红通道曲线往中间下拉
提示：这一步是降低照片红色成分

图 4-11　调整肤色步骤 7

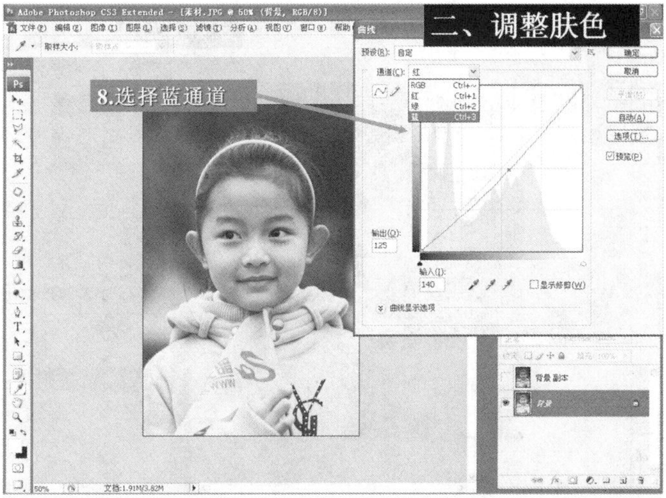
二、调整肤色
8.选择蓝通道

图 4–12　调整肤色步骤 8

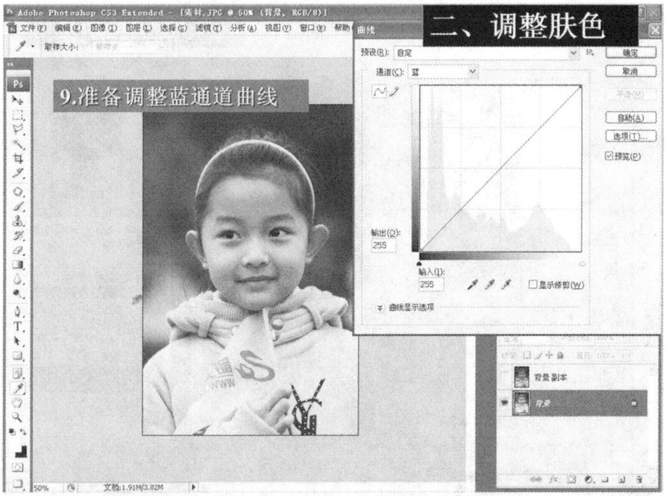
二、调整肤色
9.准备调整蓝通道曲线

图 4–13　调整肤色步骤 9

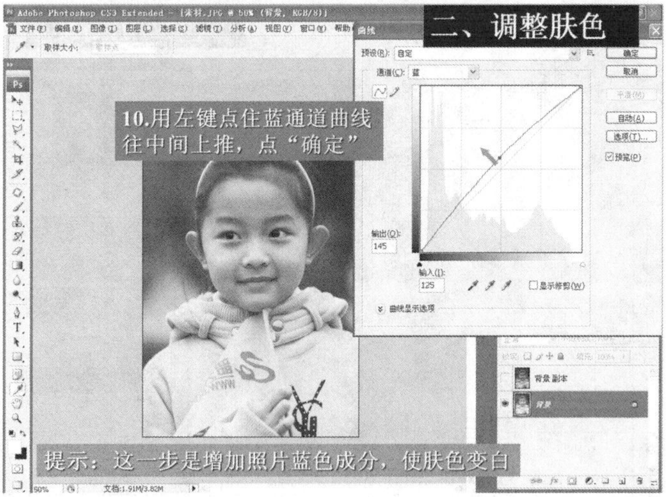
二、调整肤色
10.用左键点住蓝通道曲线
往中间上推，点“确定”
提示：这一步是增加照片蓝色成分，使肤色变白

图 4–14　调整肤色步骤 10

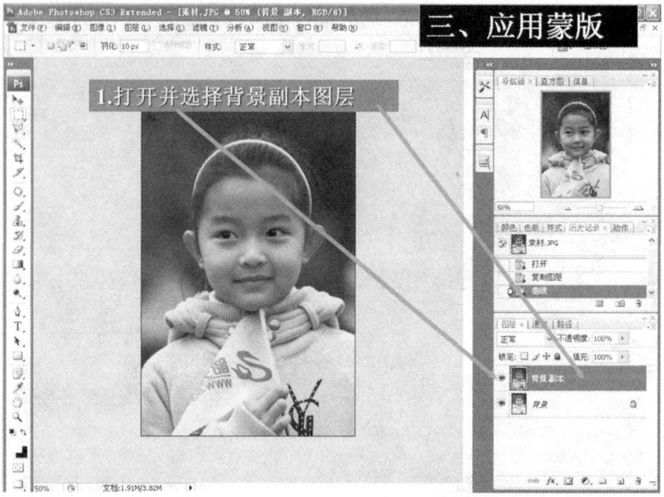
三、应用蒙版
1.打开并选择背景副本图层

图 4–15　应用蒙版步骤 1

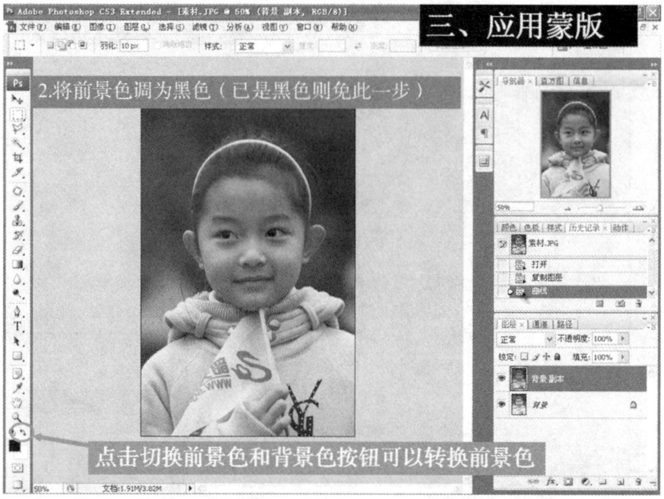
三、应用蒙版
2.将前景色调为黑色（已是黑色则免此一步）
点击切换前景色和背景色按钮可以转换前景色

图 4–16　应用蒙版步骤 2

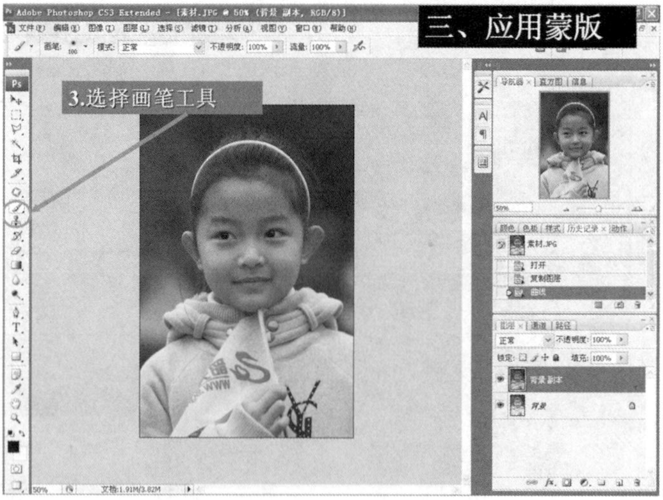
三、应用蒙版
3.选择画笔工具

图 4–17　应用蒙版步骤 3

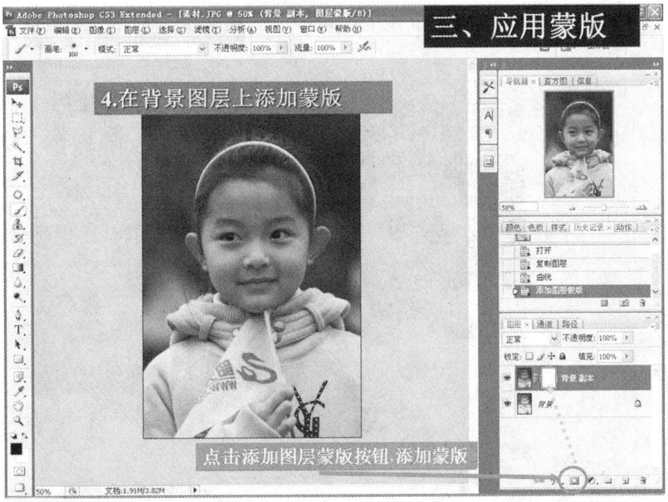
三、应用蒙版
4.在背景图层上添加蒙版
点击添加图层蒙版按钮,添加蒙版

图 4–18　应用蒙版步骤 4

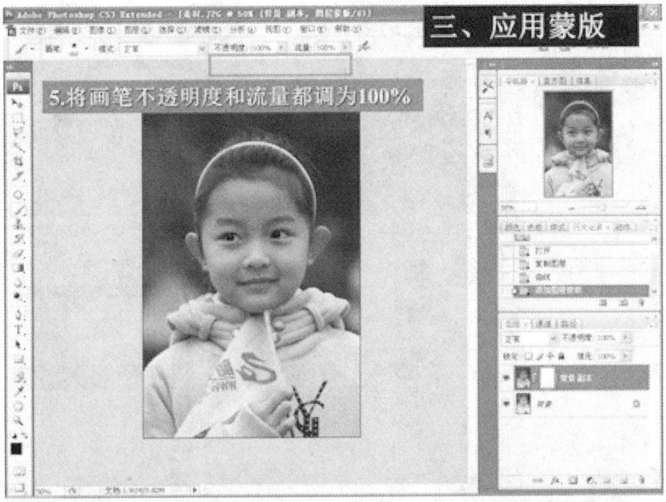
三、应用蒙版
5.将画笔不透明度和流量都调为100%

图 4–19　应用蒙版步骤 5

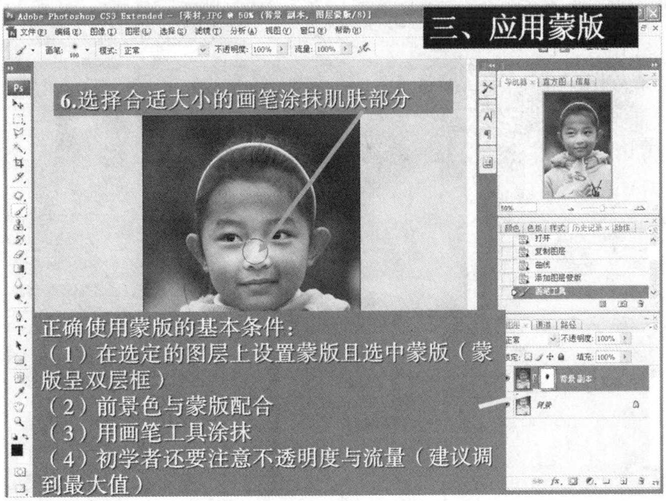
三、应用蒙版
6.选择合适大小的画笔涂抹肌肤部分
正确使用蒙版的基本条件：
（1）在选定的图层上设置蒙版且选中蒙版（蒙版呈双层框）
（2）前景色与蒙版配合
（3）用画笔工具涂抹
（4）初学者还要注意不透明度与流量（建议调到最大值）

图 4–20　应用蒙版步骤 6

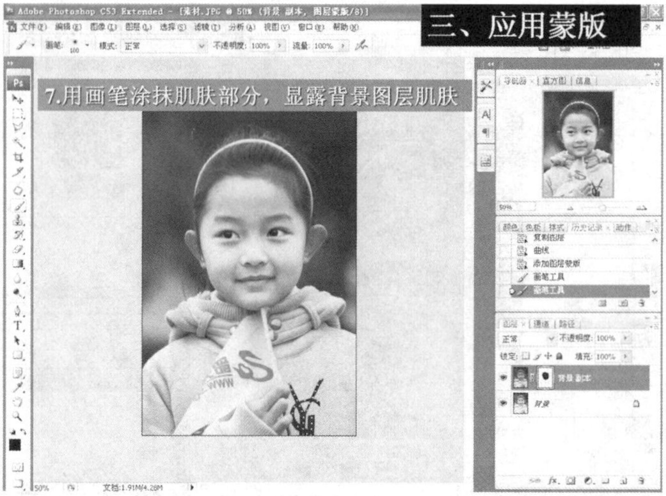
三、应用蒙版
7.用画笔涂抹肌肤部分，显露背景图层肌肤

图 4-21　应用蒙版步骤 7

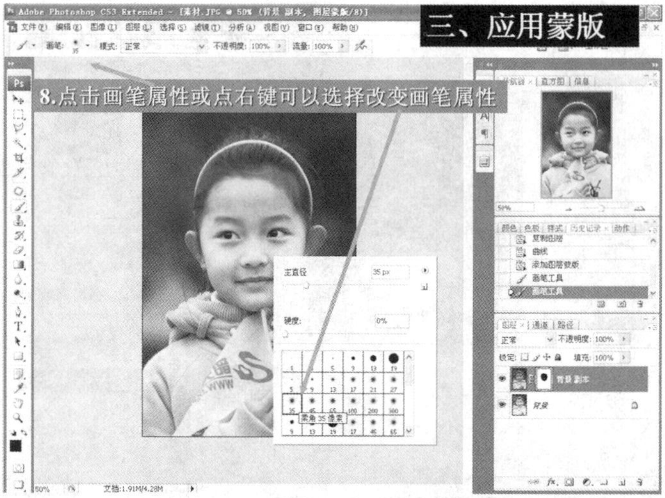
三、应用蒙版
8.点击画笔属性或点右键可以选择改变画笔属性

图 4-22　应用蒙版步骤 8

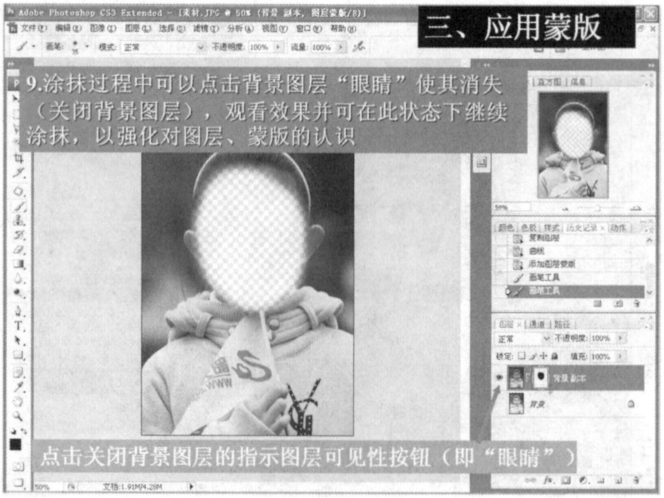
三、应用蒙版
9.涂抹过程中可以点击背景图层“眼睛”使其消失（关闭背景图层），观看效果并可在此状态下继续涂抹，以强化对图层、蒙版的认识
点击关闭背景图层的指示图层可见性按钮（即“眼睛”）

图 4-23　应用蒙版步骤 9

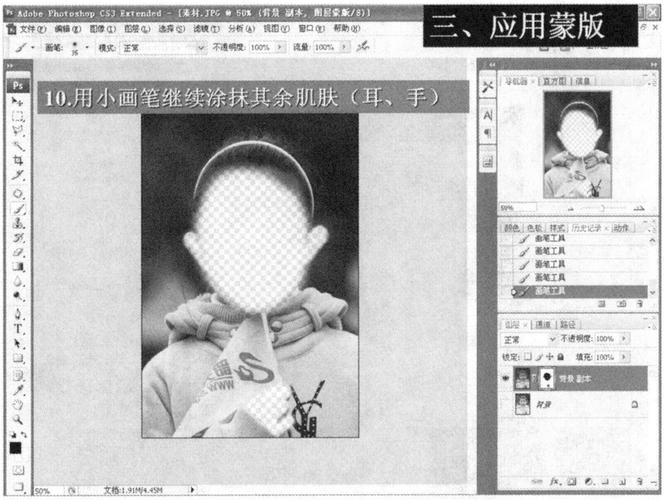
三、应用蒙版
10.用小画笔继续涂抹其余肌肤（耳、手）

图 4-24　应用蒙版步骤 10

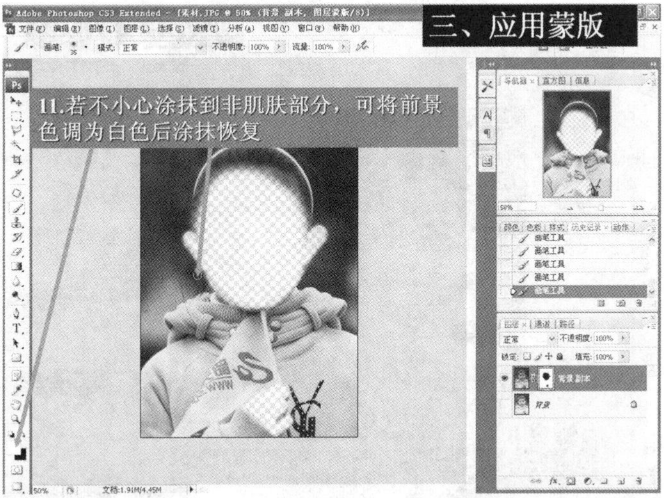
三、应用蒙版
11.若不小心涂抹到非肌肤部分，可将前景色调为白色后涂抹恢复

图 4-25　应用蒙版步骤 11

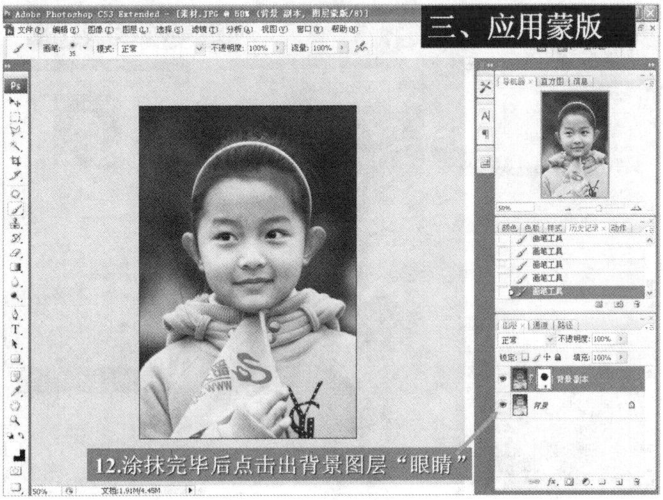
三、应用蒙版
12.涂抹完毕后点击出背景图层“眼睛”

图 4-26　应用蒙版步骤 12

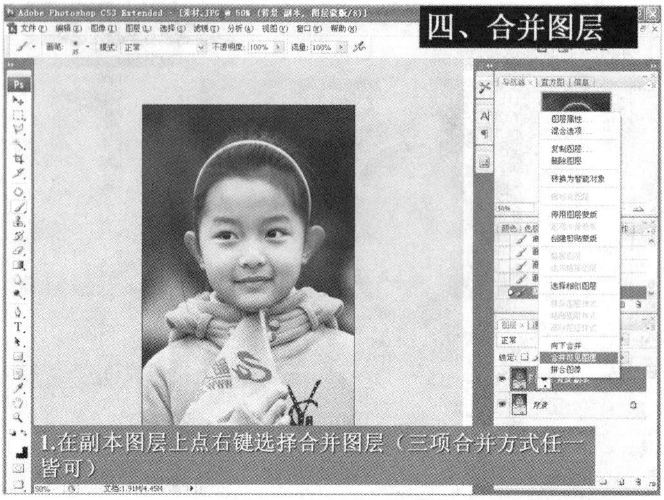
四、合并图层
1.在副本图层上点右键选择合并图层（三项合并方式任一皆可）

图 4–27　合并图层步骤 1

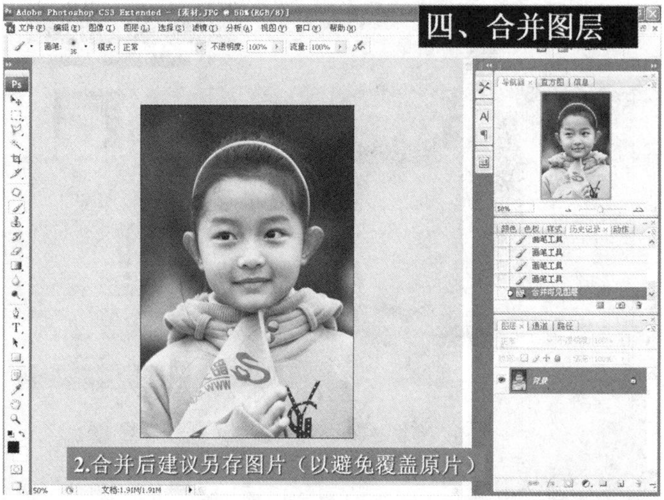
四、合并图层
2.合并后建议另存图片（以避免覆盖原片）

图 4–28　合并图层步骤 2

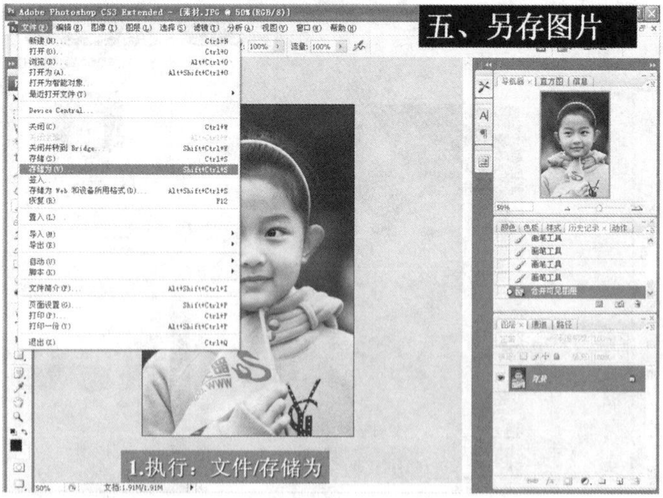
五、另存图片
1.执行：文件/存储为

图 4–29　另存图片步骤 1

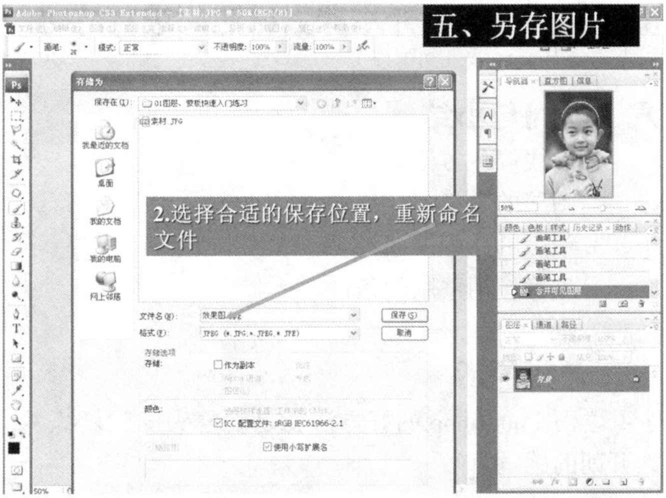
五、另存图片
2.选择合适的保存位置，重新命名文件

图 4–30　另存图片步骤 2

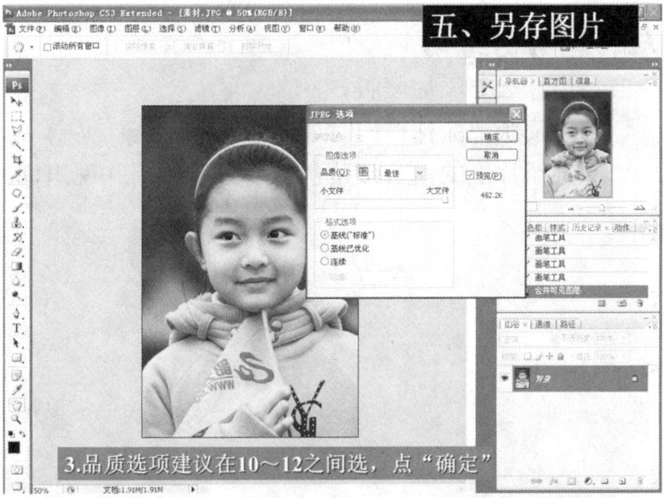
五、另存图片
3.品质选项建议在10～12之间选，点“确定”

图 4–31　另存图片步骤 3

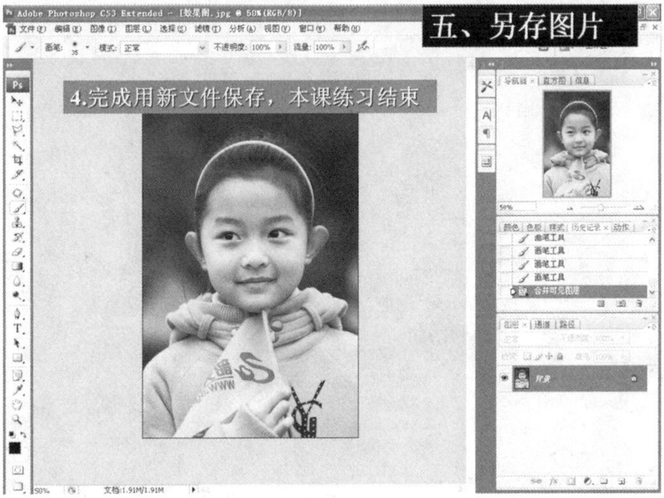
五、另存图片
4.完成用新文件保存，本课练习结束

图 4–32　另存图片步骤 4

五、请同学们打开本课素材照片进行练习

六、提问与小结

1. 曲线调色方法。
2. 图层的含义。
3. 蒙版的作用。
4. 正确使用蒙版的条件。

七、老师的话

学习 Photoshop 的好方法就是硬着头皮反复练习，只要肯坚持，一定很快就会有豁然开朗的感觉。

八、思考与练习

1. 为什么要添加蒙版？
2. 在蒙版上涂抹错误时如何修正？
3. 某照片上的白云带紫色，请分析原因并说出你的曲线调色方法。

第 5 课　人面柔肤调色方法

一、引言

美丽的肤色有时候甚至胜过美丽的容貌。而肤色与容貌俱佳的女孩实在不多！本课的目的是使同学们掌握最基本的人像美肤技术，为以后学习更细致、更具个性化的各种美化容貌的方法打好基础。

二、素材与效果

图 5–1　人面柔肤调色素材

图 5–2　人面柔肤调色效果图

三、使用工具与命令

色彩平衡、表面模糊、蒙版、前景色、画笔。

四、制作过程

图 5–3　人面柔肤调色步骤 1

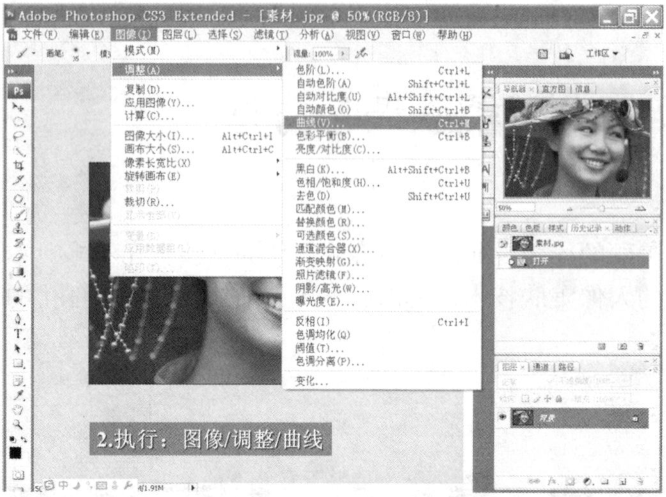
Adobe Photoshop CS3 Extended - [素材.jpg @ 50%(RGB/8)]
2.执行：图像/调整/曲线

图 5-4　人面柔肤调色步骤 2

Adobe Photoshop CS3 Extended - [素材.jpg @ 50%(RGB/8)]
曲线
3.用鼠标左键点曲线中间向上推

图 5-5　人面柔肤调色步骤 3

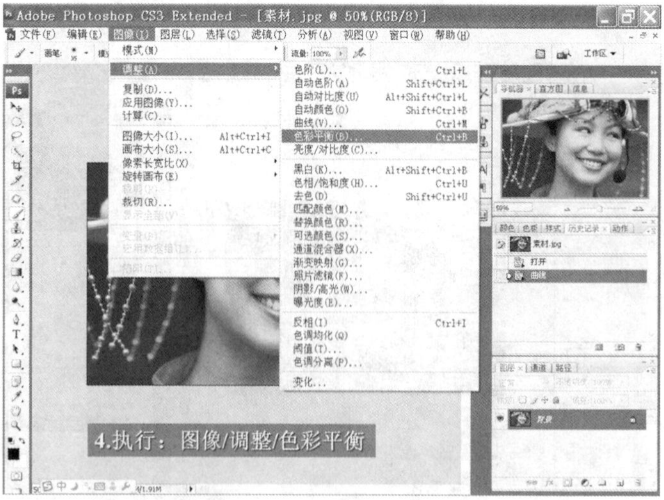
Adobe Photoshop CS3 Extended - [素材.jpg @ 50%(RGB/8)]
4.执行：图像/调整/色彩平衡

图 5-6　人面柔肤调色步骤 4

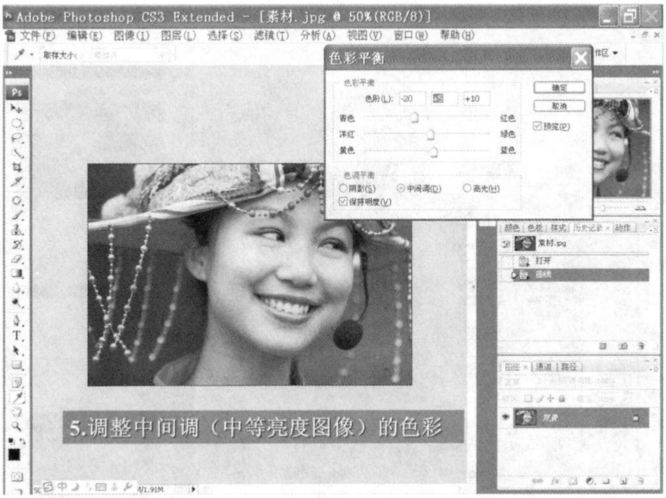
Adobe Photoshop CS3 Extended - [素材.jpg @ 50%(RGB/8)]
色彩平衡
5.调整中间调（中等亮度图像）的色彩

图 5–7　人面柔肤调色步骤 5

Adobe Photoshop CS3 Extended - [素材.jpg @ 50%(RGB/8)]
色彩平衡
6.复选高光，调整高光图像的色彩

图 5–8　人面柔肤调色步骤 6

Adobe Photoshop CS3 Extended - [素材.jpg @ 50%(RGB/8)]
色彩平衡
7.复选阴影，调整暗部图像的色彩，点“确定”

图 5–9　人面柔肤调色步骤 7

Adobe Photoshop CS3 Extended - [素材.jpg @ 50%(RGB/8)]
8.在背景图层上点住鼠标左键将其拖入创建新图层按钮后松手（复制图层）

图 5–10　人面柔肤调色步骤 8

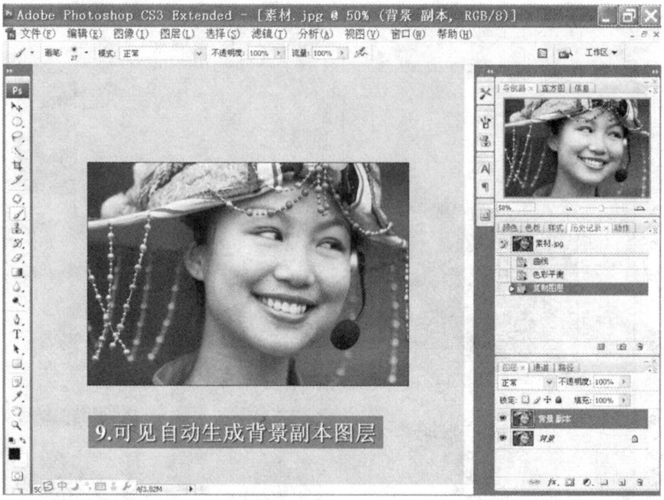
Adobe Photoshop CS3 Extended - [素材.jpg @ 50% (背景 副本, RGB/8)]
9.可见自动生成背景副本图层

图 5–11　人面柔肤调色步骤 9

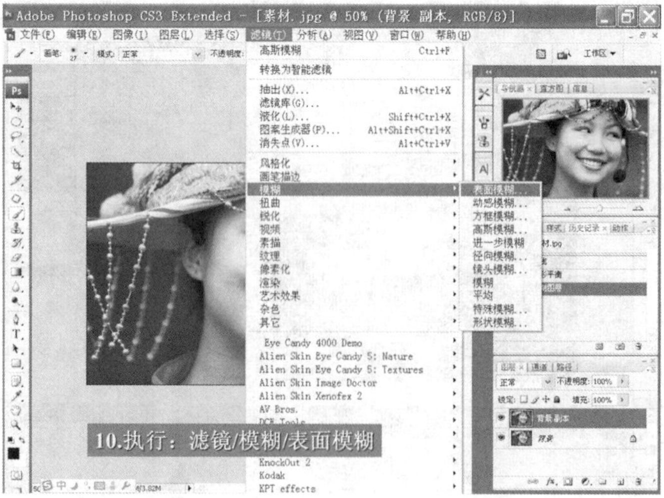
Adobe Photoshop CS3 Extended - [素材.jpg @ 50% (背景 副本, RGB/8)]
10.执行：滤镜/模糊/表面模糊

图 5–12　人面柔肤调色步骤 10

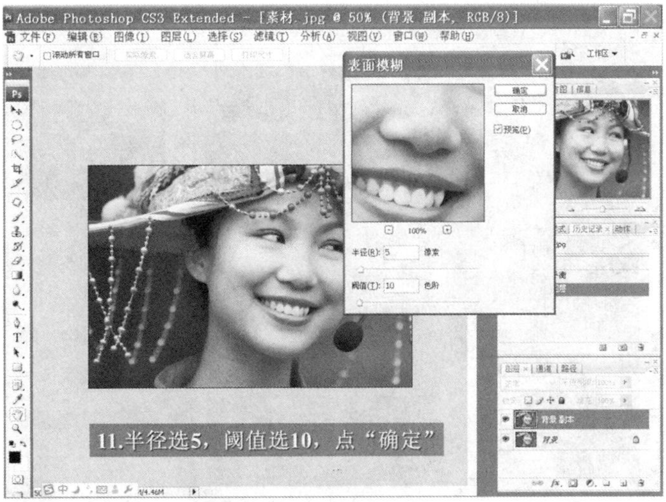

Adobe Photoshop CS3 Extended - [素材.jpg @ 50% (背景 副本, RGB/8)]
表面模糊
11.半径选5，阈值选10，点“确定”

图 5–13　人面柔肤调色步骤 11

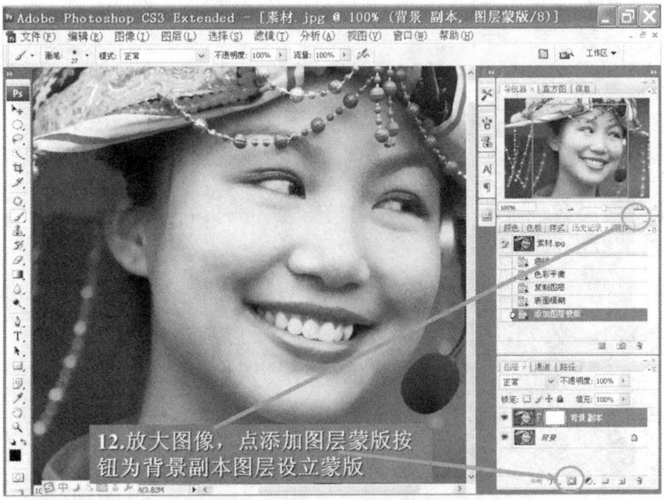

Adobe Photoshop CS3 Extended - [素材.jpg @ 100% (背景 副本, 图层蒙版/8)]
12.放大图像，点添加图层蒙版按钮为背景副本图层设立蒙版

图 5–14　人面柔肤调色步骤 12

Adobe Photoshop CS3 Extended - [素材.jpg @ 100% (背景 副本, 图层蒙版/8)]
现在所选择的是直径为27px、有柔边的画笔
注意：点鼠标右键也可调出选择框，在英文输入状态下直接点键盘的“[”和“]”键可直接改变画笔直径
13.选择画笔工具，选择画笔直径，将前景色设为黑色，用画笔涂抹双眼

图 5–15　人面柔肤调色步骤 13

图 5-16　人面柔肤调色步骤 14

图 5-17　人面柔肤调色步骤 15

图 5-18　人面柔肤调色步骤 16

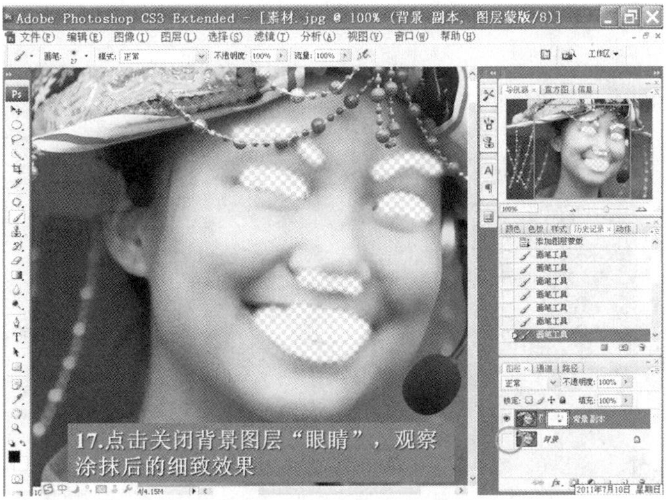
17.点击关闭背景图层“眼睛”，观察涂抹后的细致效果

图 5-19　人面柔肤调色步骤 17

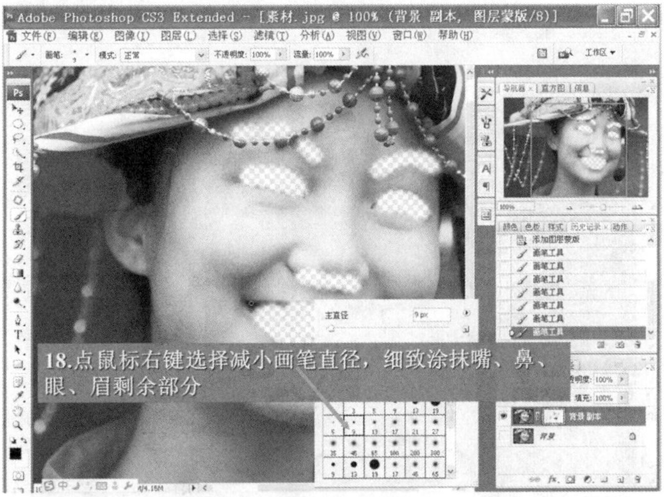
18.点鼠标右键选择减小画笔直径，细致涂抹嘴、鼻、眼、眉剩余部分

图 5-20　人面柔肤调色步骤 18

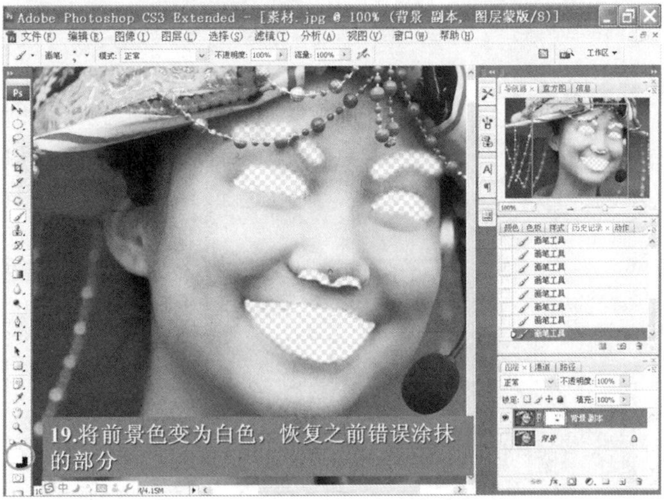
19.将前景色变为白色，恢复之前错误涂抹的部分

图 5-21　人面柔肤调色步骤 19

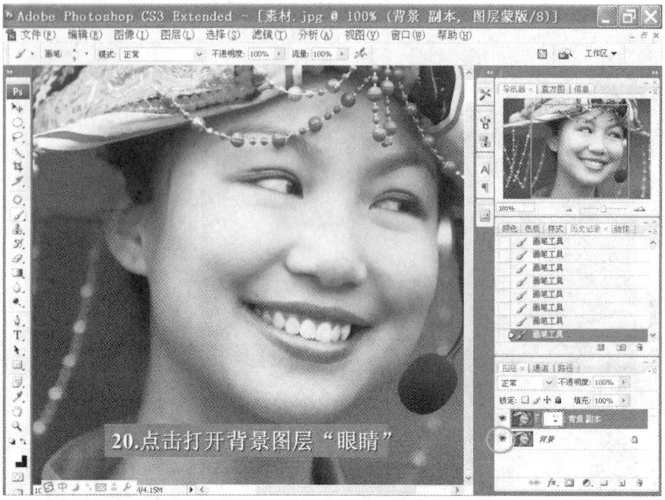

图 5-22　人面柔肤调色步骤 20

图 5-23　人面柔肤调色步骤 21

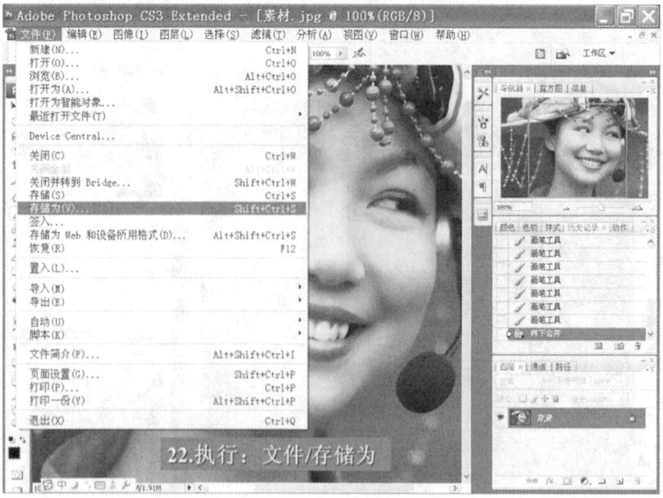

图 5-24　人面柔肤调色步骤 22

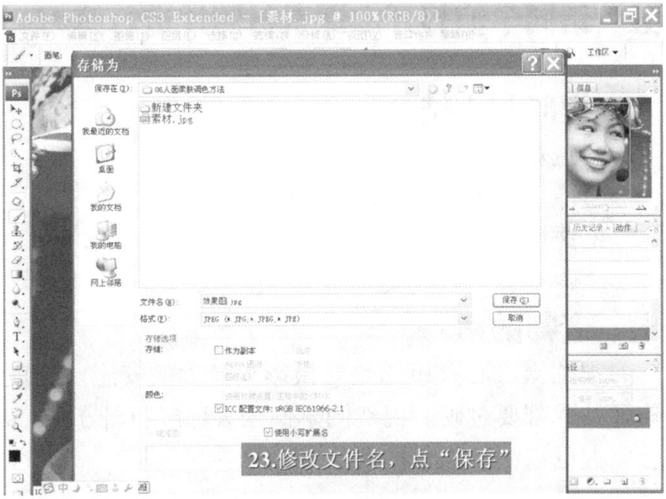
Adobe Photoshop CS3 Extended - [素材.jpg @ 100%(RGB/8)]
存储为
23.修改文件名，点“保存”

图 5–25　人面柔肤调色步骤 23

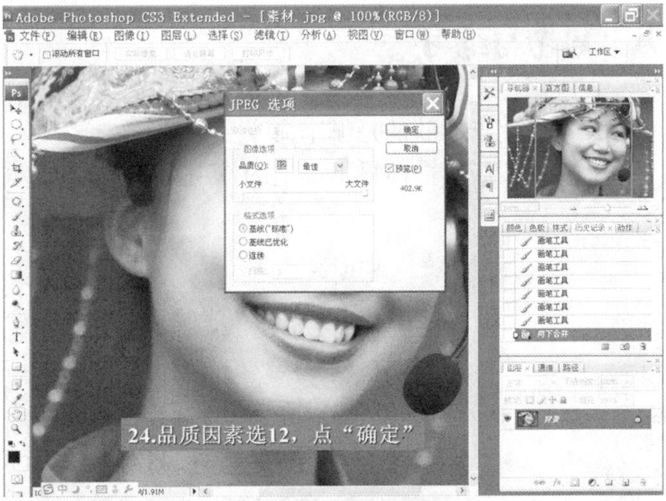
Adobe Photoshop CS3 Extended - [素材.jpg @ 100%(RGB/8)]
JPEG 选项
24.品质因素选12，点“确定”

图 5–26　人面柔肤调色步骤 24

Adobe Photoshop CS3 Extended - [效果图.jpg @ 100%(RGB/8)]
25.本次修片工作结束

图 5–27　人面柔肤调色步骤 25

五、请同学们打开本课素材照片进行练习

六、提问与小结

1. 色彩平衡调整肤色的方法。
2. 应用蒙版时前景色的作用。
3. 应用蒙版时画笔涂抹的技巧。

七、老师的话

被拍摄者心存感念是对摄影人最大的安慰。这就要求摄影人前期摄影技术和后期修片技术都要过硬。祝贺同学们今天已经打开了 Photoshop 人像美容的大门，相信大家会掌握更精细的美容技术。

八、思考与练习

1. 应用色彩平衡命令调整肤色需要复选哪三个选项再进行？
2. 本课用于柔肤的是哪个命令？
3. 应用蒙版时白前景下画笔的作用是什么？

第 6 课　漂浮人像后期制作入门

一、引言

漂浮人像后期制作有多种方法，蒙版法的效果最为逼真。本课的蒙版法制作漂浮人像练习，可以使同学们的蒙版技术得到进一步的提升。

二、素材与效果

图 6–1　漂浮人像后期制作素材 1

图 6–2　漂浮人像后期制作素材 2

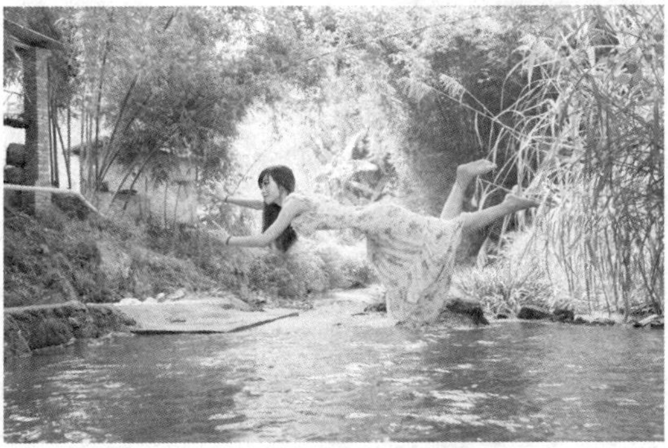

图 6–3　漂浮人像后期制作效果图

三、使用工具与命令

前景色、画笔 、蒙版、液化、缩放、向前变形。

四、制作过程

1.同时打开素材1、素材2，选择素材1

图 6–4　漂浮人像后期制作步骤 1

2.用鼠标点住素材1背景图层，将其拖入素材2

图 6–5　漂浮人像后期制作步骤 2

3.关闭素材1，点“否”

图 6–6　漂浮人像后期制作步骤 3

4.将图像最大化

图 6–7　漂浮人像后期制作步骤 4

5.选择画笔工具，前景色选为黑色，
为图层1添加蒙版

图 6–8　漂浮人像后期制作步骤 5

6.点右键，选择像素为100的柔角画笔

图 6–9　漂浮人像后期制作步骤 6

7.涂抹全部水面及部分凳子
（注意勿让画笔的羽化区“渗透”到模特身上）
提示：涂抹效果可以通过观察蒙版缩略图大致判别

图 6–10　漂浮人像后期制作步骤 7

8.点右键，选择像素为35的柔角画笔

图 6–11　漂浮人像后期制作步骤 8

9.放大左侧凳子部分，涂抹剩余凳子
（仍要注意不要让画笔的羽化区“渗透”到人物）

图 6–12　漂浮人像后期制作步骤 9

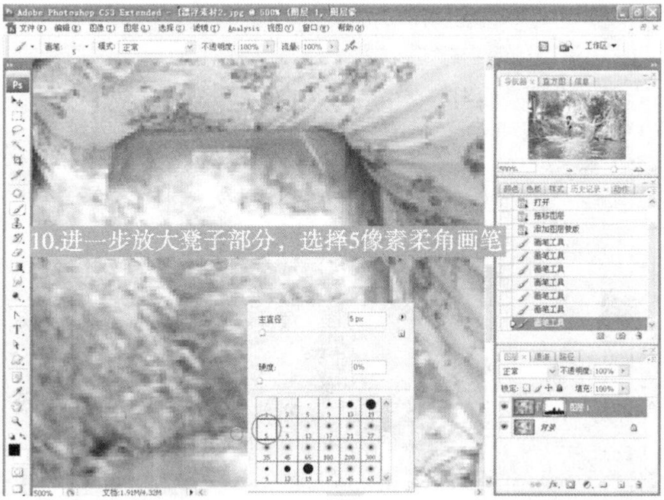
10.进一步放大凳子部分，选择5像素柔角画笔

图 6–13　漂浮人像后期制作步骤 10

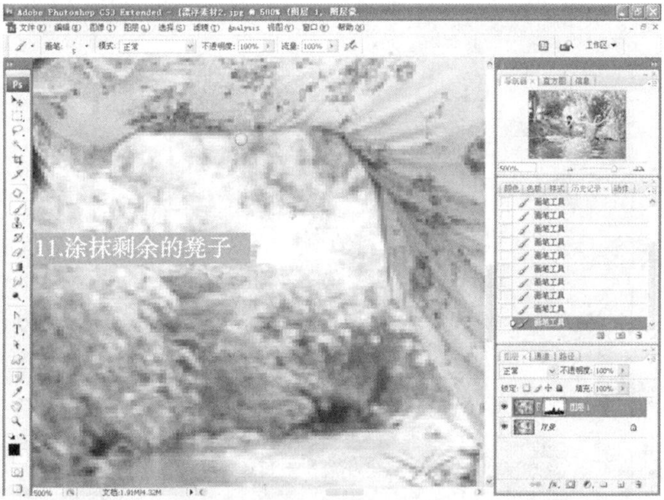
11.涂抹剩余的凳子

图 6–14　漂浮人像后期制作步骤 11

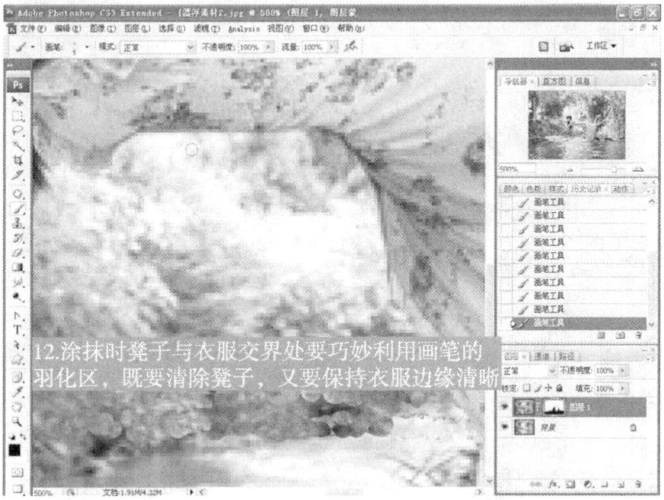
12.涂抹时凳子与衣服交界处要巧妙利用画笔的
羽化区，既要清除凳子，又要保持衣服边缘清晰

图 6–15　漂浮人像后期制作步骤 12

13.放大右侧凳子，用35像素的柔角画笔涂抹凳子

图 6–16　漂浮人像后期制作步骤 13

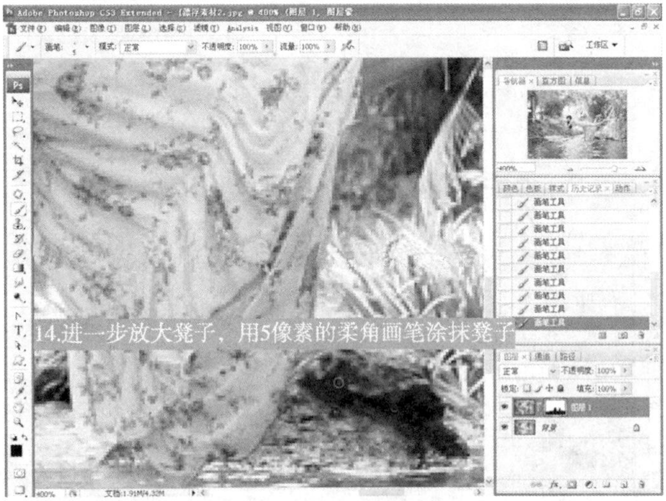
14.进一步放大凳子，用5像素的柔角画笔涂抹凳子

图 6–17　漂浮人像后期制作步骤 14

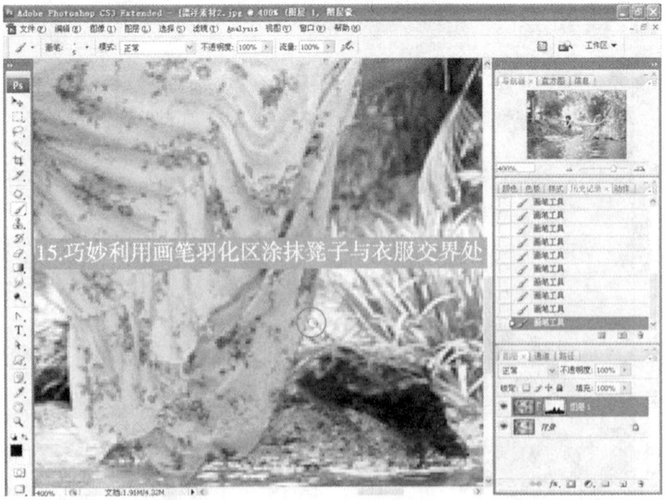
15.巧妙利用画笔羽化区涂抹凳子与衣服交界处

图 6–18　漂浮人像后期制作步骤 15

16.适当缩小图像，确认凳子清理干净后在图层1点右键，选择任一合并方式合并图像

图 6–19　漂浮人像后期制作步骤 16

17.细致观察图像，发现凳子造成模特部分身体过于平直，裙子下垂造成腿部显得粗大，要设法改善

图 6–20　漂浮人像后期制作步骤 17

18.执行：滤镜/液化

图 6–21　漂浮人像后期制作步骤 18

19.选择缩放工具， 选择需要放大的区域

图 6–22　漂浮人像后期制作步骤 19

20.选择向前变形工具，选择约37像素的画笔
在模特身体平直部分左侧适当下拉

图 6–23　漂浮人像后期制作步骤 20

21.在模特平直部分右侧适当上推

图 6–24　漂浮人像后期制作步骤 21

22.在模特腿部附近适当上推，点“确定”

图 6–25　漂浮人像后期制作步骤 22

23.执行：文件/储存为

图 6–26　漂浮人像后期制作步骤 23

24.选择文件夹，更改文件名，点“保存”

图 6–27　漂浮人像后期制作步骤 24

25.在10~20品质之间选择，点“确定”，本次漂浮人像后期制作练习结束

图 6–28　漂浮人像后期制作步骤 25

五、请同学们打开本课素材照片进行练习

六、提问与小结

1. 同时打开多个文件的方法。
2. 添加蒙版的方法。
3. 蒙版状态下的画笔涂抹技巧。

七、老师的话

漂浮人像的神奇效果吸引了许多摄影兼 Photoshop 爱好者，但其制作最重要的还是在前期的拍摄，拍摄时人和支撑物的关系必须是人遮挡支撑物。若是支撑物挡住人某些部分的话，后期去除支撑物时就会连人的这些部分也去除了，重新恢复这些部分不仅要浪费很多精力，而且效果往往不理想，甚至因痕迹明显成为失败之作。

八、思考与练习

1. 本课应用蒙版时使用画笔有什么技巧？
2. 本课练习中在蒙版处理之后为什么要用液化命令处理？

第 7 课　去除多余人物

一、引言

在景点拍纪念留影往往遇到背后游客众多的问题。利用 Photoshop 蒙版练习技术，可以令纪念照上的若干游客甚至无数游客完全消失！

二、素材与效果

图 7–1　去除多余人物练习素材 1

图 7–2　去除多余人物练习素材 2

图 7–3　去除多余人物练习效果图

三、使用工具与命令

移动工具、复制图层、前景色、画笔、蒙版。

四、制作过程

1.同时打开两个素材图片，适当错开图片位置

图 7–4　去除多余人物练习步骤 1

2.选择素材2，点按背景图层将其直接拖入素材1内

图 7–5　去除多余人物练习步骤 2

3.关闭素材2，点“否”

图 7–6　去除多余人物练习步骤 3

4.可见图片素材2已经成为素材1里面的“图层1”，将图片最大化

图 7–7　去除多余人物练习步骤 4

5.点放大按钮，适当放大图片

图 7–8　去除多余人物练习步骤 5

6.选择背景图层

图 7–9　去除多余人物练习步骤 6

7.将背景图层拖入“创建新图层”按钮后松手

图 7–10　去除多余人物练习步骤 7

8.可见复制了新图层“背景副本”

图 7–11　去除多余人物练习步骤 8

9.将背景图层移至最上层

图 7–12　去除多余人物练习步骤 9

10.现在看到的是背景副本图片

图 7-13　去除多余人物练习步骤 10

11.点击“添加图层蒙版”按钮

图 7-14　去除多余人物练习步骤 11

12.可见已经为背景副本图层设置了蒙版

图 7-15　去除多余人物练习步骤 12

13.选择画笔工具
将前景色调为黑色（已是黑色则免此一步）

图 7–16　去除多余人物练习步骤 13

14.涂抹路人

图 7–17　去除多余人物练习步骤 14

15.涂抹至路人完全消失

图 7–18　去除多余人物练习步骤 15

16.选择移动工具，选择图层1

图 7–19　去除多余人物练习步骤 16

17.细心点击键盘上的方向键，使涂抹区
里外的石阶、柱子位置相吻合

图 7–20　去除多余人物练习步骤 17

18.在任一图层上点右键选择合并可见图层

图 7–21　去除多余人物练习步骤 18

19.放大观察图片，无误则保存新文件，本课练习结束

图 7-22　去除多余人物练习步骤 19

五、请同学们打开本课素材照片进行练习

六、提问与小结

1. 拷贝建立新图层的方法。
2. 轻移图层的方法。
3. 蒙版的作用。

七、老师的话

利用 Photoshop 蒙版，在照片上既可以增加人，又可以减少人。

八、思考与练习

1. 轻移图层用什么工具？
2. 蒙版处理使用哪个工具？
3. 如果没有素材 2，可否迅速完美去除多余人物？
4. 以后你拍游人众多的旅游纪念照将有什么改进方法？

第 8 课　趣味蒙版合成

一、引言

蒙版是 Photoshop 的核心技术之一。本课的趣味蒙版练习，可以让同学们对“神奇”的蒙版有一个初步的认识。

二、素材与效果

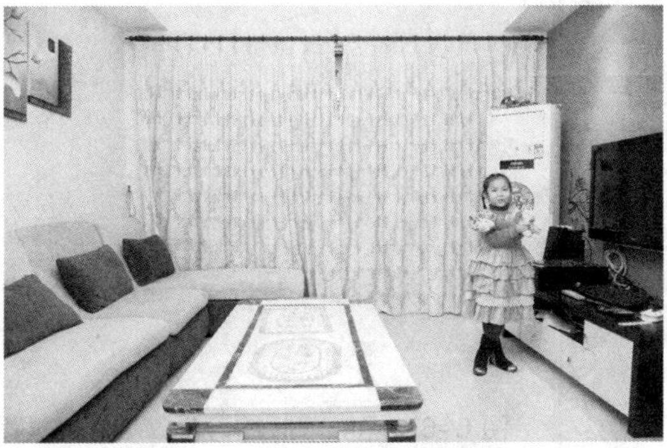
图 8–1　趣味蒙版练习素材 1

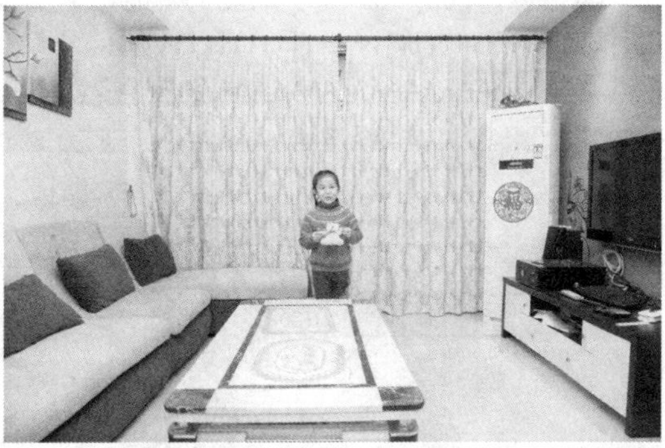
图 8–2　趣味蒙版练习素材 2

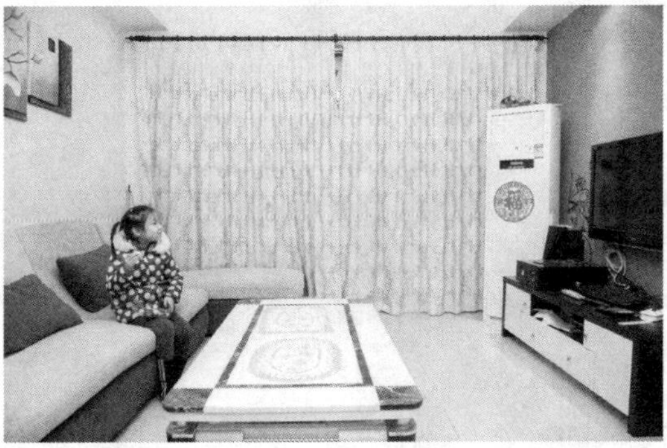
图 8–3　趣味蒙版练习素材 3

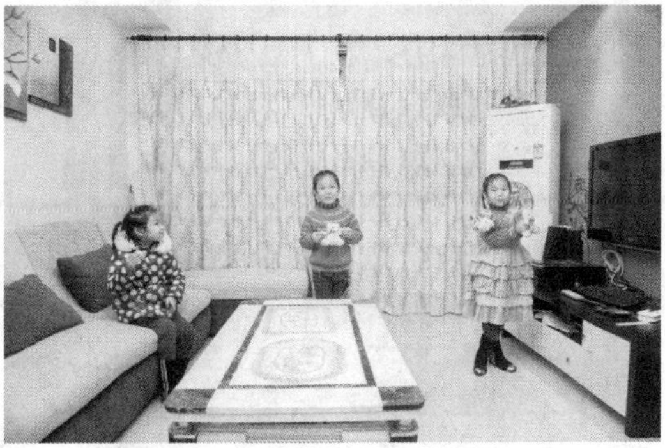
图 8–4　趣味蒙版练习效果图

三、使用工具与命令

复制图层、移动工具、前景色、画笔、蒙版。

四、制作过程

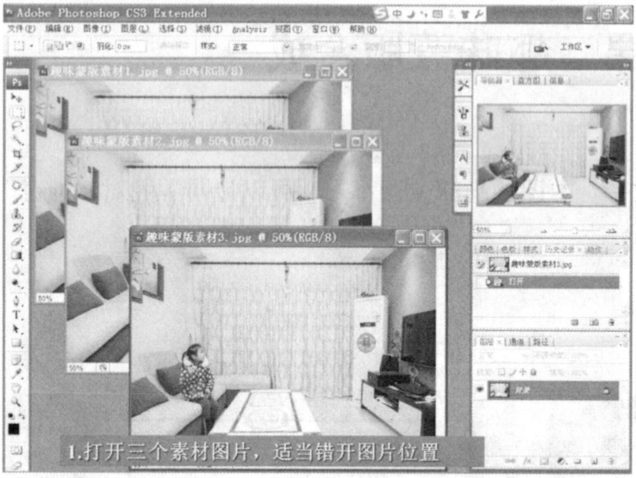

图 8–5　趣味蒙版练习步骤 1

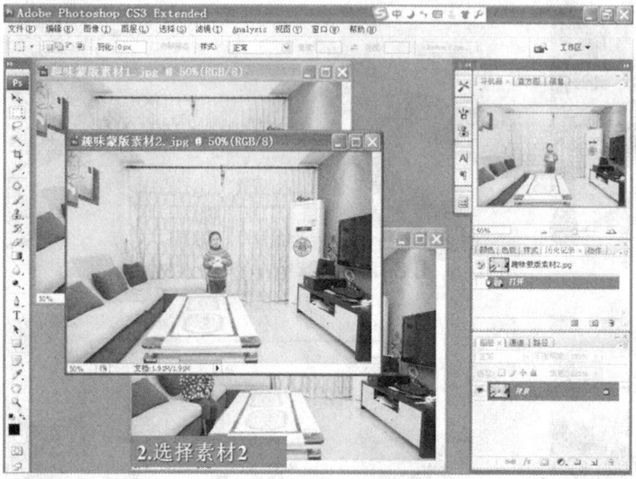

图 8–6　趣味蒙版练习步骤 2

图 8–7　趣味蒙版练习步骤 3

图 8-8　趣味蒙版练习步骤 4

图 8-9　趣味蒙版练习步骤 5

图 8-10　趣味蒙版练习步骤 6

Adobe Photoshop CS3 Extended
7.关闭素材1，点“否”

图 8-11　趣味蒙版练习步骤 7

8.将素材3最大化，适当放大，请同学们认真观
察分析三个图层与三个素材图片的对应关系

图 8-12　趣味蒙版练习步骤 8

9.将前景色调为黑色（已是黑色时则免此一
步），为图层2添加蒙版
点击切换前景色和背景色按钮可以转换前景色
点击添加图层蒙版按钮添加蒙版

图 8-13　趣味蒙版练习步骤 9

Adobe Photoshop CS3 Extended
10.选择画笔工具

图 8-14　趣味蒙版练习步骤 10

Adobe Photoshop CS3 Extended
11.在图层2上试涂抹出图层1的人物的一部分

图 8-15　趣味蒙版练习步骤 11

Adobe Photoshop CS3 Extended
12. 继续用画笔涂抹人物剩余部分

图 8-16　趣味蒙版练习步骤 12

13.在图层2上点右键选择“向下合并”

图 8–17　趣味蒙版练习步骤 13

14.可见图层2已经和图层1成为一个图层

图 8–18　趣味蒙版练习步骤 14

15.为图层1添加蒙版
点击添加图层蒙版按钮添加蒙版

图 8–19　趣味蒙版练习步骤 15

Adobe Photoshop CS3 Extended
16.在图层1上试涂抹出背景图层人物的一部分

图 8-20　趣味蒙版练习步骤 16

Adobe Photoshop CS3 Extended
17.继续用画笔涂抹人物剩余部分，
注意腿部阴影部分也要涂抹出来

图 8-21　趣味蒙版练习步骤 17

Adobe Photoshop CS3 Extended
18.关闭背景图层，建立蒙版感性认识
点击关闭背景图层的指示图层可见性按钮（即“眼睛”）

图 8-22　趣味蒙版练习步骤 18

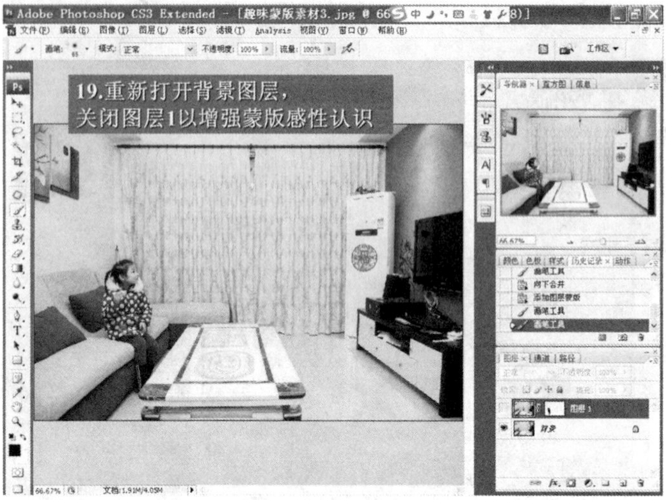
19.重新打开背景图层，
关闭图层1以增强蒙版感性认识

图 8–23　趣味蒙版练习步骤 19

20.打开图层1，图层1上
点右键选择合并可见图层

图 8–24　趣味蒙版练习步骤 20

21.执行：文件/存储为

图 8–25　趣味蒙版练习步骤 21

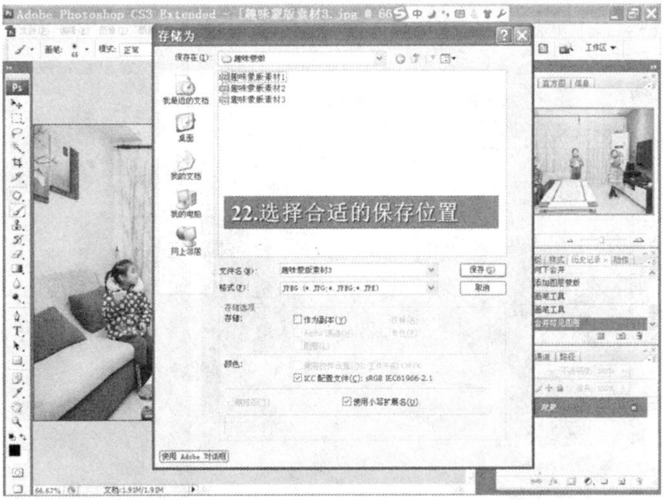
Adobe Photoshop CS3 Extended
存储为
22.选择合适的保存位置

图 8-26　趣味蒙版练习步骤 22

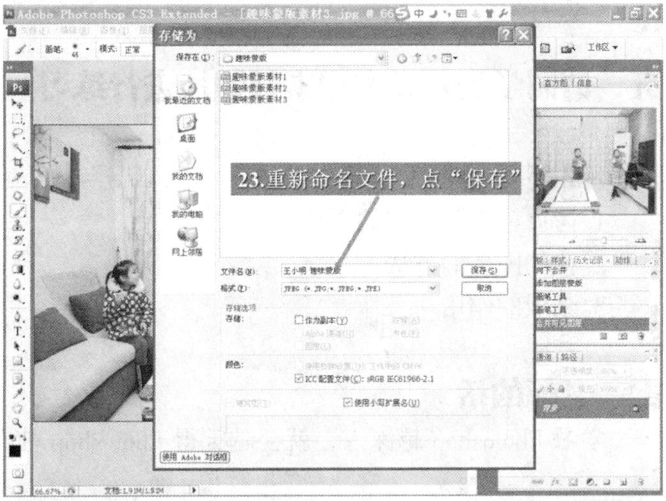
Adobe Photoshop CS3 Extended
存储为
23.重新命名文件，点"保存"

图 8-27　趣味蒙版练习步骤 23

Adobe Photoshop CS3 Extended
JPEG 选项
24.品质选项建议在10～11之间选，点"确定"

图 8-28　趣味蒙版练习步骤 24

Adobe Photoshop CS3 Extended
25.本课练习结束

图 8–29 趣味蒙版练习步骤 25

五、请同学们打开本课素材照片进行练习

六、提问与小结

1. 拷贝建立新图层的方法。
2. 移动图层的方法。
3. 蒙版的作用。

七、老师的话

学习 Photoshop 越深入，就会越觉得 Photoshop 神奇、强大。

八、思考与练习

1. 用自己的话表述蒙版是什么。
2. 蒙版处理使用哪个工具？
3. 本课蒙版处理配合的前景色是哪一种色？

第 9 课　调整唇色、腮红、面形

一、引言

白皙的肤色虽然美丽，却显得不够健康，红润的嘴唇加上白里透红的面颊一定使女孩更加健康迷人！顺便修修面形可能有惊喜哦。本课的目的是让同学们学会使用色阶、液化滤镜等工具修饰唇色、腮红和面形，进一步掌握人像美肤技术。

二、素材与效果

图 9-1　调整唇色、腮红、面形素材 1

图 9-2　调整唇色、腮红、面形素材 2

图 9-3　调整唇色、腮红、面形效果图

三、使用工具与命令

套索、色阶、选框、拾色器、填充前景色、蒙版、液化、滤镜。

四、制作过程

Adobe Photoshop CS3 - [素材2.jpg @ 66.7%(RGB/8)]
一、调整唇色
1.打开图片，用第3课方法美白牙齿和眼白（步骤略）

图 9-4　调整唇色步骤 1

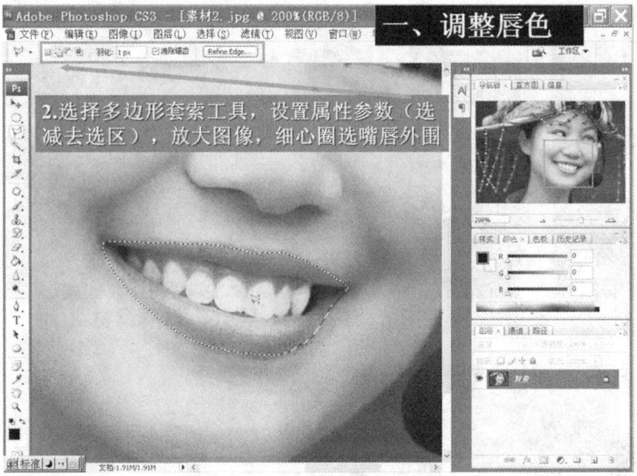
Adobe Photoshop CS3 - [素材2.jpg @ 200%(RGB/8)]
一、调整唇色
2.选择多边形套索工具，设置属性参数（选减去选区），放大图像，细心圈选嘴唇外围

图 9-5　调整唇色步骤 2

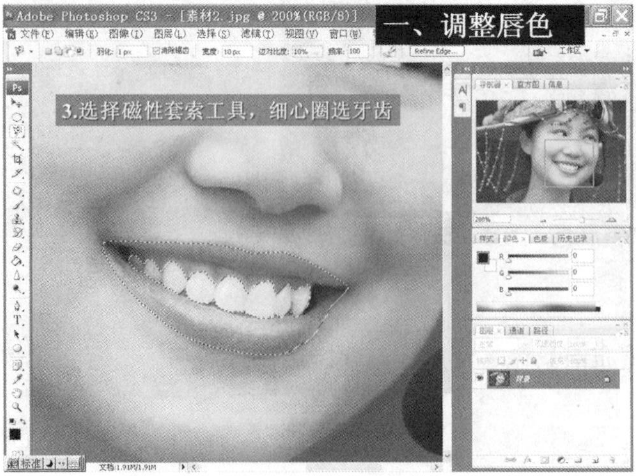
Adobe Photoshop CS3 - [素材2.jpg @ 200%(RGB/8)]
一、调整唇色
3.选择磁性套索工具，细心圈选牙齿

图 9-6　调整唇色步骤 3

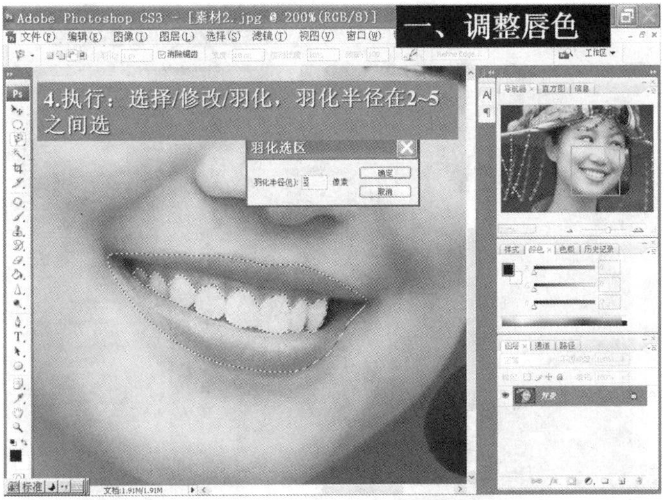
Adobe Photoshop CS3 - [素材2.jpg @ 200%(RGB/8)]
一、调整唇色
4.执行：选择/修改/羽化，羽化半径在2~5之间选
羽化选区

图 9–7　调整唇色步骤 4

Adobe Photoshop CS3 - [素材2.jpg @ 200%(RGB/8)]
一、调整唇色
5.执行：图像/调整/色阶，选择红通道，调整白、灰滑块，改变嘴唇“血色”，点“确定”
色阶

图 9–8　调整唇色步骤 5

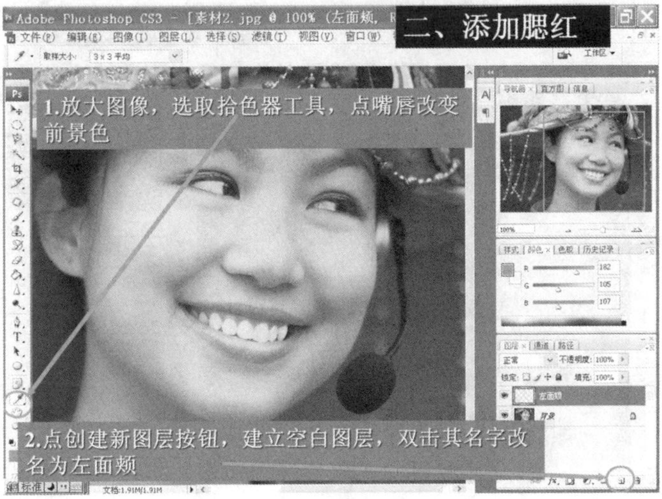
二、添加腮红
1.放大图像，选取拾色器工具，点嘴唇改变前景色
2.点创建新图层按钮，建立空白图层，双击其名字改名为左面颊

图 9–9　添加腮红步骤 1、2

二、添加腮红
3.选择椭圆选框工具，圈选比左面颊稍大的区域

图 9–10　添加腮红步骤 3

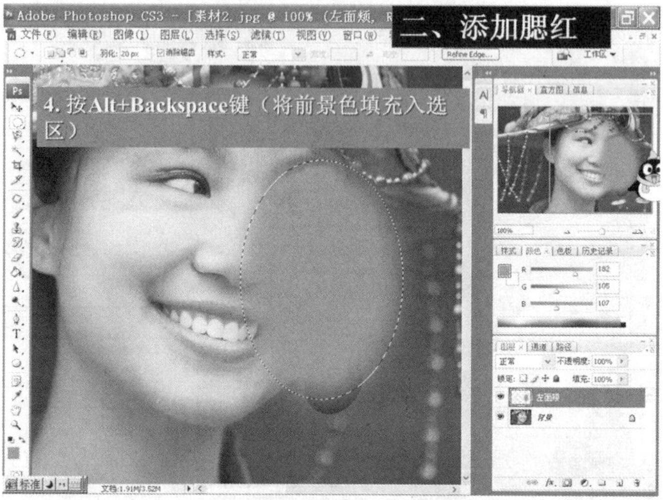
二、添加腮红
4. 按Alt+Backspace键（将前景色填充入选区）

图 9–11　添加腮红步骤 4

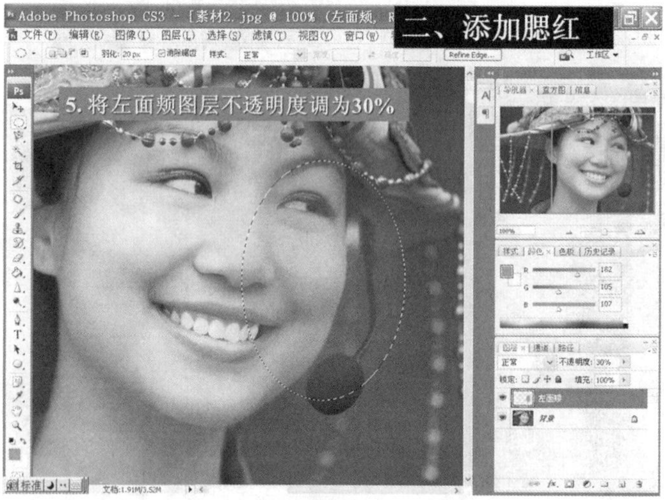
二、添加腮红
5. 将左面颊图层不透明度调为30%

图 9–12　添加腮红步骤 5

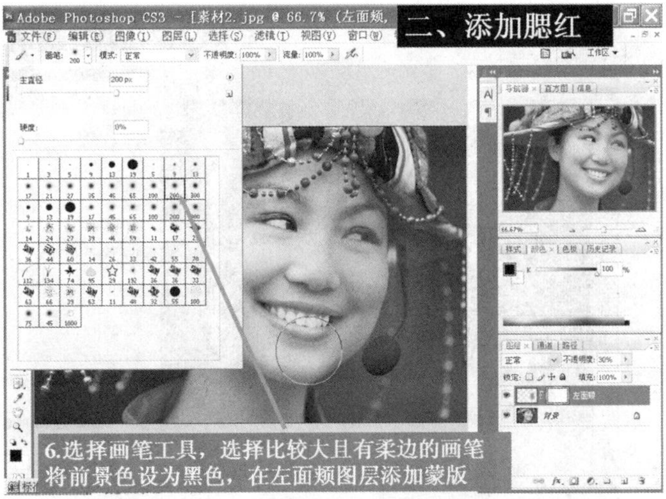
二、添加腮红
6.选择画笔工具，选择比较大且有柔边的画笔
将前景色设为黑色，在左面颊图层添加蒙版

图 9-13　添加腮红步骤 6

二、添加腮红
7.涂抹非面颊区域，只让面颊带红色

图 9-14　添加腮红步骤 7

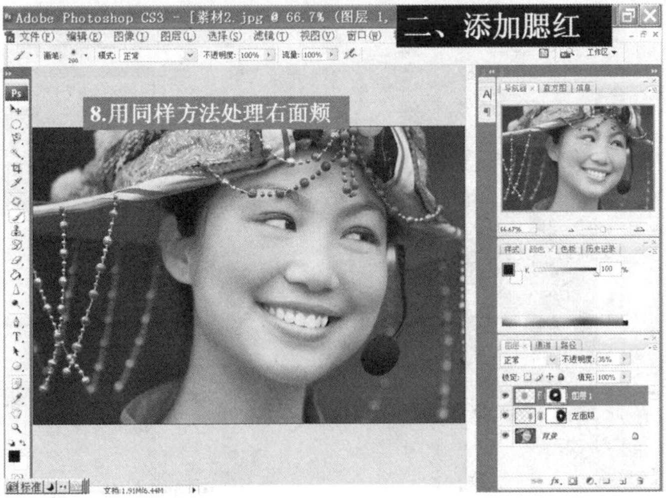
二、添加腮红
8.用同样方法处理右面颊

图 9-15　添加腮红步骤 8

二、添加腮红
9.（点右键选择）将左面颊与背景两图层合并

图 9–16　添加腮红步骤 9

二、添加腮红
10.再（点右键选择）将图层1（右面颊）与背景两图层合并

图 9–17　添加腮红步骤 10

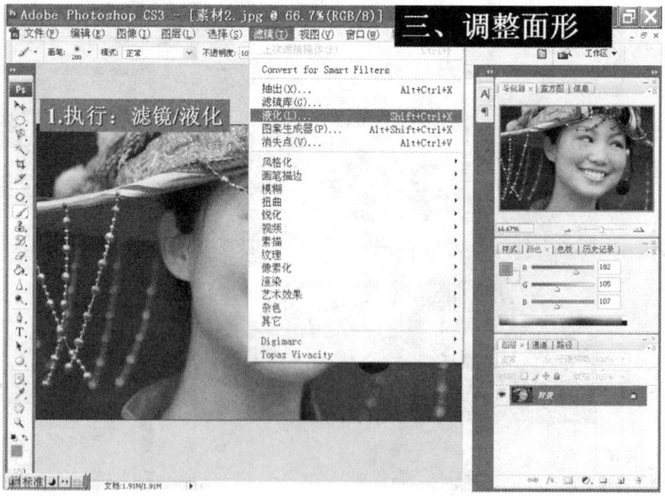
三、调整面形
1.执行：滤镜/液化

图 9–18　调整面形步骤 1

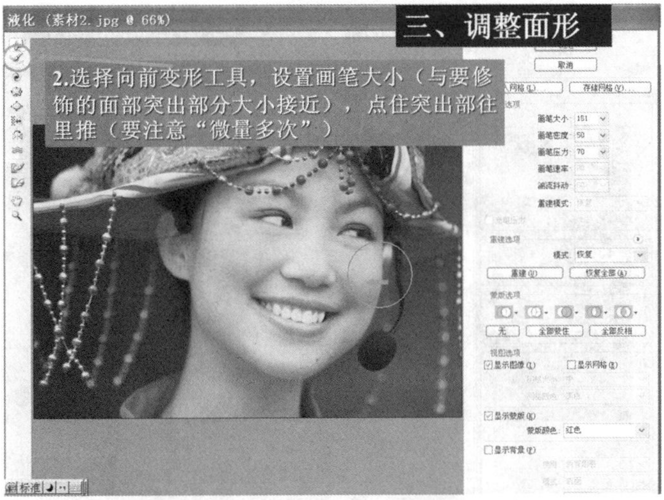
液化（素材2.jpg @ 66%）
三、调整面形
2.选择向前变形工具，设置画笔大小（与要修饰的面部突出部分大小接近），点住突出部往里推（要注意“微量多次”）

图 9-19　调整面形步骤 2

液化（素材2.jpg @ 66%）
三、调整面形
3.继续处理左面颊其余突出部，尽量注意面部边缘整体的圆滑度

图 9-20　调整面形步骤 3

液化（效果图.jpg @ 66%）
三、调整面形
4.再处理右面颊，点“确定”

图 9-21　调整面形步骤 4

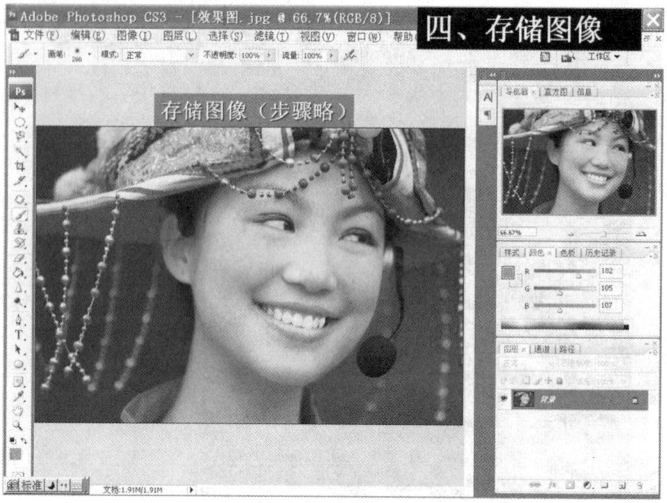
Adobe Photoshop CS3 - [效果图.jpg @ 66.7%(RGB/8)]
四、存储图像
存储图像（步骤略）

图 9-22　存储图像

五、请同学们打开本课素材照片进行练习

六、提问与小结

1. 调整唇色的方法。
2. 添加腮红的方法。
3. 调整面形的方法。

七、老师的话

小小的变化往往会带来大大的惊喜！

八、思考与练习

1. 增加嘴唇“血色”还可以用什么命令？
2. 只用一个新图层可以给左、右面颊添加腮红吗？为什么？
3. 如何理解液化处理“微量多次”原则？

第 10 课　解读直方图

一、引言

拍摄后检查直方图是摄影人判断照片曝光情况最可靠的方法。本课的目的是使同学们能正确解读直方图，为下一步学习用色阶重新调整直方图的方法打好基础。

二、素材与效果

图 10–1　解读直方图素材

图 10–2　解读直方图效果图 1

图 10–3　解读直方图效果图 2

三、使用工具与命令

直方图、绝对亮度。

四、制作过程

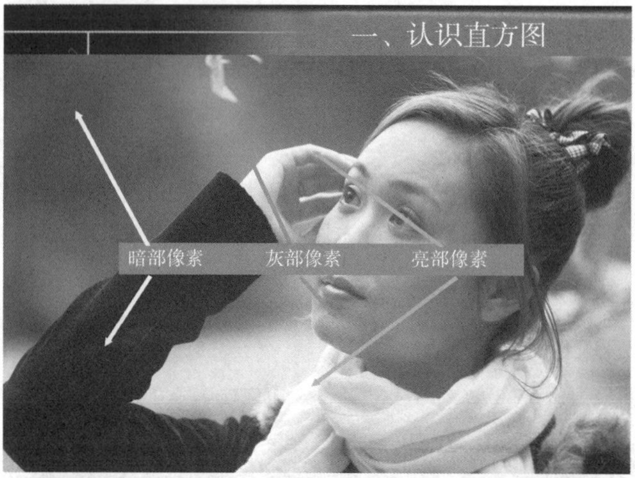
一、认识直方图
暗部像素
灰部像素
亮部像素

图 10-4　认识直方图

二、常见直方图类型分析（1）
曝光正常照片实例
"小山"均匀——该白的白，该黑的黑，黑白都有细节

图 10-5　常见直方图类型分析（1）

二、常见直方图类型分析（2）
过曝照片实例
"小山"挤右边——该黑的不黑，不该白的也白了，亮部损失了细节

图 10-6　常见直方图类型分析（2）

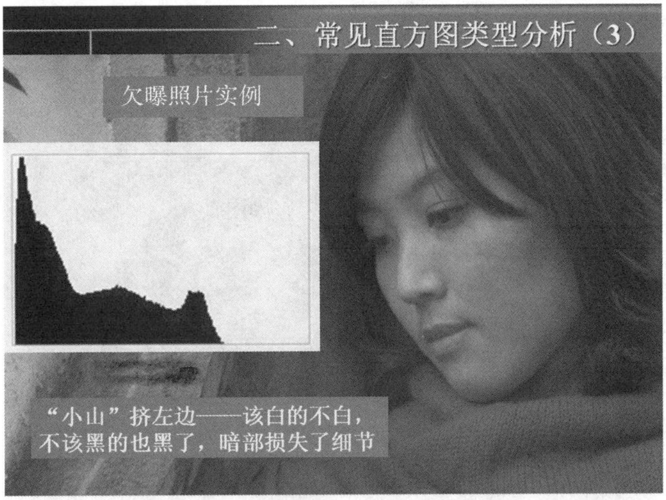
二、常见直方图类型分析（3）
欠曝照片实例
“小山”挤左边——该白的不白，
不该黑的也黑了，暗部损失了细节

图 10-7　常见直方图类型分析（3）

二、常见直方图类型分析（4）
“灰”照片实例
“小山”挤中间——该白的不白，该黑的不黑

图 10-8　常见直方图类型分析（4）

三、特殊环境照片的直方图分析（1）
整体欠曝
局部过曝
此类照片通常只要求人面部曝光正确
面部主要部分，地面曝光正确，
衣服局部过曝，洞内欠曝。

图 10-9　特殊环境照片的直方图类型分析（1）

三、特殊环境照片的直方图分析（2）
同时有较重的
欠曝和过曝
主体（人）欠曝，背景较亮甚至过曝。
这就是所谓的“剪影”

图 10–10　特殊环境照片的直方图类型分析（2）

四、直方图对拍摄曝光量控制的指导应用（1）
1. 这张照片曝光实际已经正常（有无伤大雅的微小过曝区）
2. 为后期稳妥处理起见决定再减少一点曝光量
3. 方法是保持光圈不变，提高快门速度（也可以只缩小光圈）
原光圈、快门参数
色阶调整
照片信息摘要

图 10–11　直方图对拍摄曝光量控制的指导应用（1）

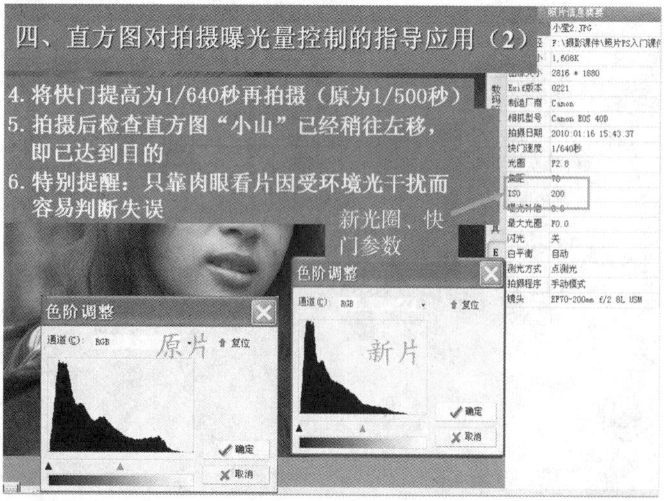
四、直方图对拍摄曝光量控制的指导应用（2）
4. 将快门提高为1/640秒再拍摄（原为1/500秒）
5. 拍摄后检查直方图“小山”已经稍往左移，即已达到目的
6. 特别提醒：只靠肉眼看片因受环境光干扰而容易判断失误
新光圈、快门参数
色阶调整
原片
新片
照片信息摘要

图 10–12　直方图对拍摄曝光量控制的指导应用（2）

五、请同学们打开本课素材照片，用 Photoshop 或光影魔术手观察其直方图，分析其曝光情况

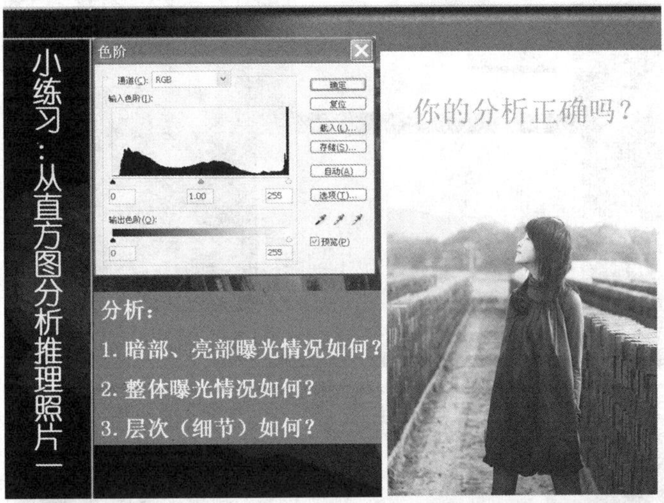

图 10–13　直方图分析练习一

图 10–14　直方图分析练习二

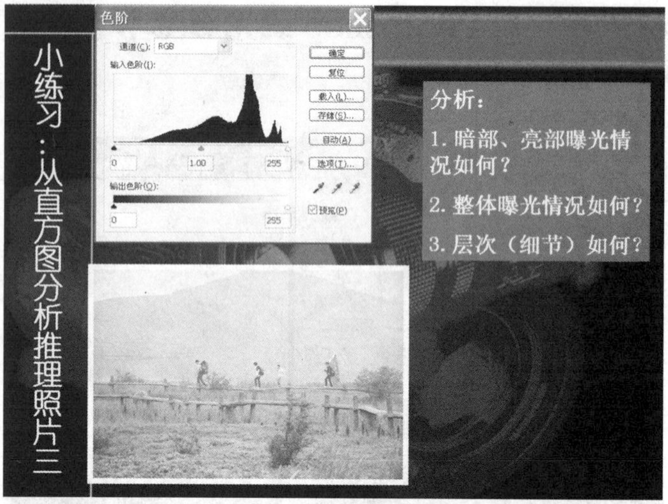

图 10-15　直方图分析练习三

图 10-16　直方图分析练习四

小练习：从直方图分析推理照片三

分析：
1. 暗部、亮部曝光情况如何？
2. 整体曝光情况如何？
3. 层次（细节）如何？

小练习：从直方图分析推理照片四

分析：
1.暗部、亮部曝光情况如何？
2.整体曝光情况如何？
3.层次（细节）如何？

六、提问与小结

1. 直方图的定义。

2. "小山"位置与曝光关系。

3. 允许不影响照片主题的局部过曝或欠曝。

七、老师的话

学会分析直方图，拍摄时对正确曝光就更有把握。许多摄影人在拍摄同一景物时都是先用相机自动测光拍一张照片，再根据这张照片的直方图决定下一张照片曝光量的加减。

下一课将以直方图为基础，学习运用色阶调整照片亮度，同学们又会有新发现哦！

八、思考与练习

1. 摄影师说某照片“很灰”，其直方图形状大致是什么样的？
2. 某照片直方图上的“小山”整体紧贴最右边，这张照片的曝光情况如何？

第 11 课　色阶命令调亮入门浅解

一、引言

色阶命令实际上就是重新调节照片的直方图，其可以分别对照片的亮部、灰部、暗部加以调节，从而使照片亮度的分布更为均匀合理，层次更为丰富。调整色阶通常是修片的第一步。本课的目的是使同学们学会曲线调节亮度的入门方法。

二、素材与效果

图 11–1　调节色阶素材 1

图 11–2　调节色阶效果图 1

图 11–3　调节色阶素材 2

图 11–4　调节色阶效果图 2

三、使用工具与命令

色阶。

四、制作过程

1. 打开文件，点击“创建新的填充或调整图层”按钮，选择“色阶”命令

图 11–5　调节色阶步骤 1

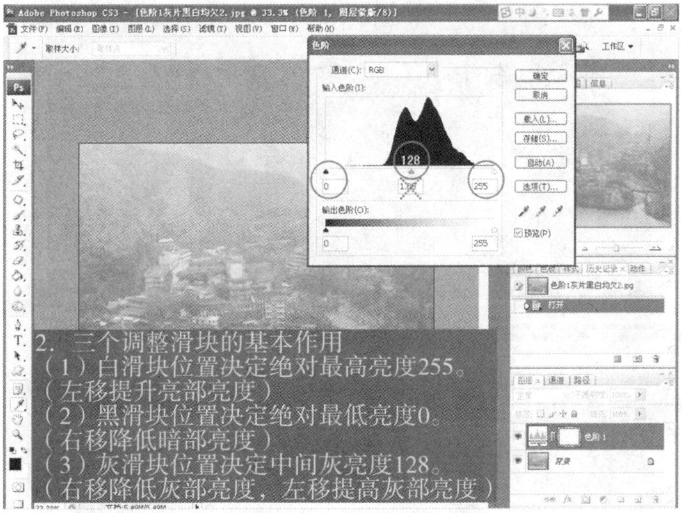
2. 三个调整滑块的基本作用
（1）白滑块位置决定绝对最高亮度255。
（左移提升亮部亮度）
（2）黑滑块位置决定绝对最低亮度0。
（右移降低暗部亮度）
（3）灰滑块位置决定中间灰亮度128。
（右移降低灰部亮度，左移提高灰部亮度）

图 11–6　调节色阶步骤 2

3. 提高亮部亮度方法：左移白滑块到“小山脚”附近（解读为：将图像原来亮度228的地方提升为255）
白滑块调整时的关注点
（尽量不过曝或过曝区尽可能不显眼）

图 11-7　调节色阶步骤 3

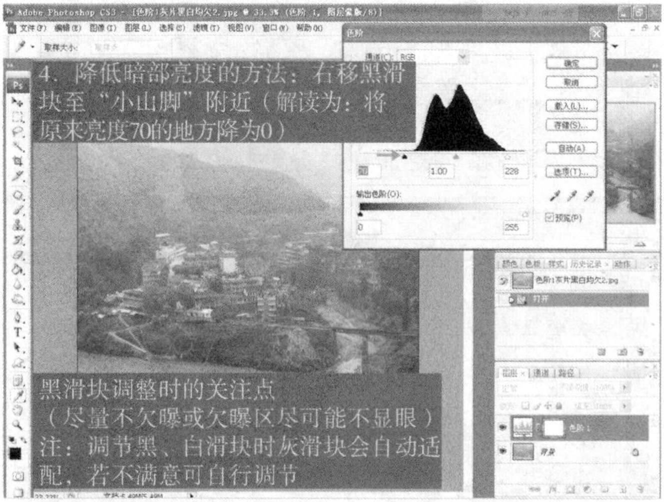
4. 降低暗部亮度的方法：右移黑滑块至“小山脚”附近（解读为：将原来亮度70的地方降为0）
黑滑块调整时的关注点
（尽量不欠曝或欠曝区尽可能不显眼）
注：调节黑、白滑块时灰滑块会自动适配，若不满意可自行调节

图 11-8　调节色阶步骤 4

5. 效果比较与重新调整
反复关闭与打开色阶1图层的“眼睛”以比较调节效果，若不满意则双击色阶1图层的“预览图”重新调节

图 11-9　调节色阶步骤 5

6. 合并图层：
在色阶1图层点右键合并图层，并存储图像

图 11-10　调节色阶步骤 6

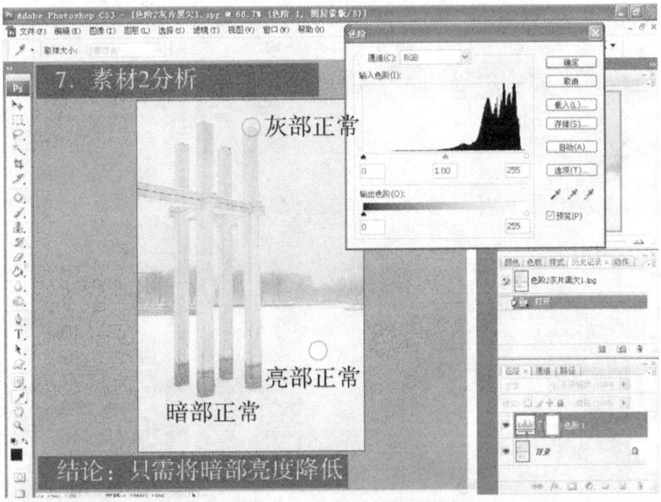
7. 素材2分析
灰部正常
亮部正常
暗部正常
结论：只需将暗部亮度降低

图 11-11　调节色阶步骤 7

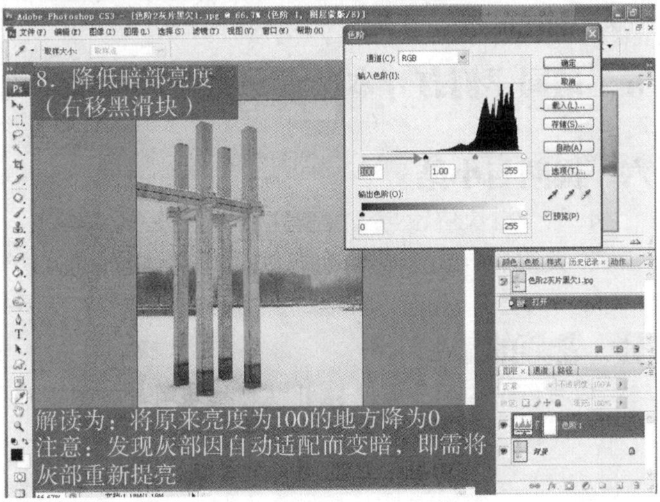
8. 降低暗部亮度
（右移黑滑块）
解读为：将原来亮度为100的地方降为0
注意：发现灰部因自动适配而变暗，即需将
灰部重新提亮

图 11-12　调节色阶步骤 8

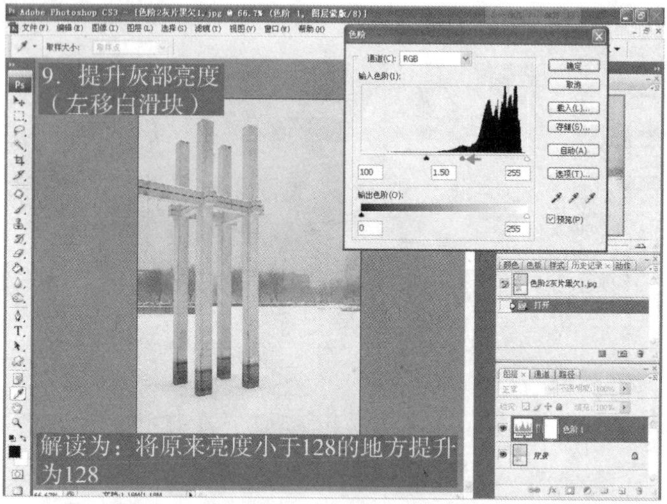
9. 提升灰部亮度
（左移白滑块）
解读为：将原来亮度小于128的地方提升为128
色阶

图 11–13　调节色阶步骤 9

10. 确认效果，存储图像

图 11–14　调节色阶步骤 10

五、请同学们打开本课素材照片进行练习

六、提问与小结

1. 三个滑块位置与亮度变化的对应关系。

2. 大致学会区分照片的亮部、灰部、暗部的方法。

七、老师的话

学习色阶的调节方法，可以对前期用直方图精确控制曝光有更深刻的理解。

八、思考与练习

调节白、黑、灰三个滑块时，主要根据什么决定调节量？为什么？

第 12 课　色阶调光练习

一、引言

在大多数情况下，拍摄环境光线都不是最理想的。所以使用色阶或曲线有针对性地调整照片某一部分亮度几乎是照片后期处理的第一步。本课的目的是使同学们在正确解读直方图的基础上熟练掌握用色阶重新调整照片亮度的方法。

二、素材

图 12–1　色阶调光练习素材 1

图 12–2　色阶调光练习素材 2

图 12–3　色阶调光练习素材 3

图 12–4　色阶调光练习素材 4

三、使用工具与命令

直方图、色阶、亮度、对比度。

四、制作过程

欠曝照片调整：

1.打开图片得背景图层，复制图层
选直方图

图 12-5　欠曝照片调整步骤 1

2.执行：图像/调整/色阶

图 12-6　欠曝照片调整步骤 2

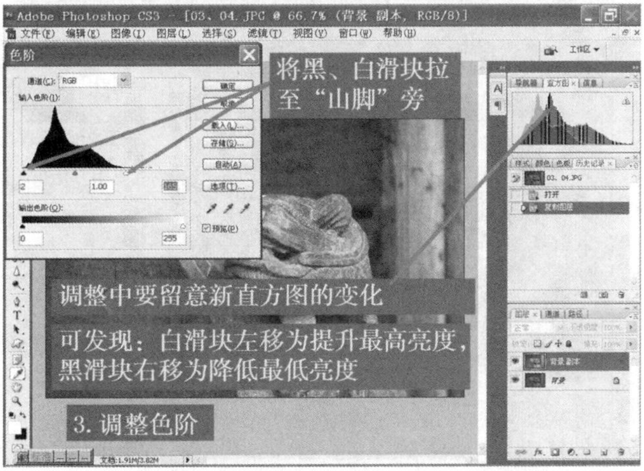
将黑、白滑块拉至“山脚”旁
调整中要留意新直方图的变化
可发现：白滑块左移为提升最高亮度，黑滑块右移为降低最低亮度
3. 调整色阶

图 12-7　欠曝照片调整步骤 3

Adobe Photoshop CS3 - [03、04.JPG @ 66.7% (背景 副本, RGB/8)]
4.调完后点“确定”

图 12-8　欠曝照片调整步骤 4

Adobe Photoshop CS3 - [03、04.JPG @ 66.7% (背景 副本, RGB/8)]
5.关闭，打开副本图层对比效果
6.合并,另存（图略）

图 12-9　欠曝照片调整步骤 5、6

“灰”照片调整：

Adobe Photoshop CS3 - [03、04A.JPG @ 66.7% (背景 副本, RGB/8)]
1.打开图片得背景图层，复制图层

图 12-10　“灰”照片调整步骤 1

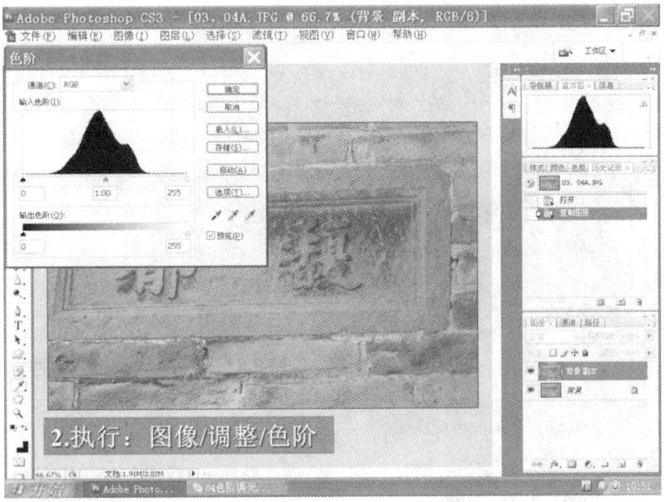
Adobe Photoshop CS3 - [03. 04A. JPG @ 66.7% (背景 副本, RGB/8)]
色阶
2.执行：图像/调整/色阶

图 12-11　“灰”照片调整步骤 2

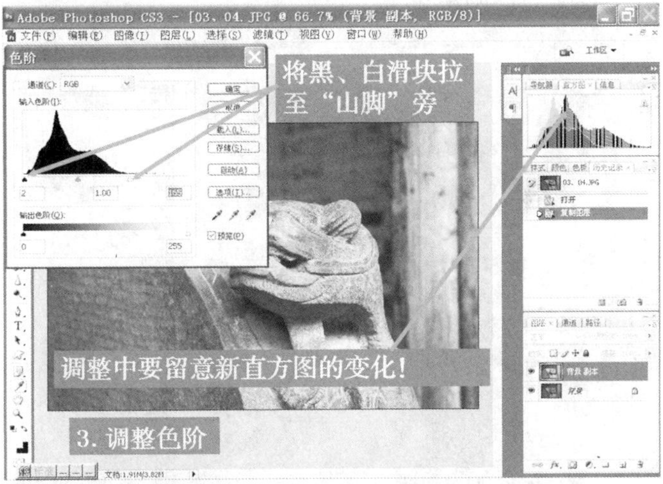
Adobe Photoshop CS3 - [03. 04. JPG @ 66.7% (背景 副本, RGB/8)]
色阶
将黑、白滑块拉至“山脚”旁
调整中要留意新直方图的变化!
3. 调整色阶

图 12-12　“灰”照片调整步骤 3

Adobe Photoshop CS3 - [03. 04A. JPG @ 66.7% (背景 副本, RGB/8)]
4.调完后点“确定”

图 12-13　“灰”照片调整步骤 4

Adobe Photoshop CS3 - [03、04A.JPG @ 66.7% (背景 副本, RGB/8)]
5.关闭，打开副本图层对比效果
6. 合并，另存（图略）

图 12-14 “灰”照片调整步骤 5、6

过曝照片调整：

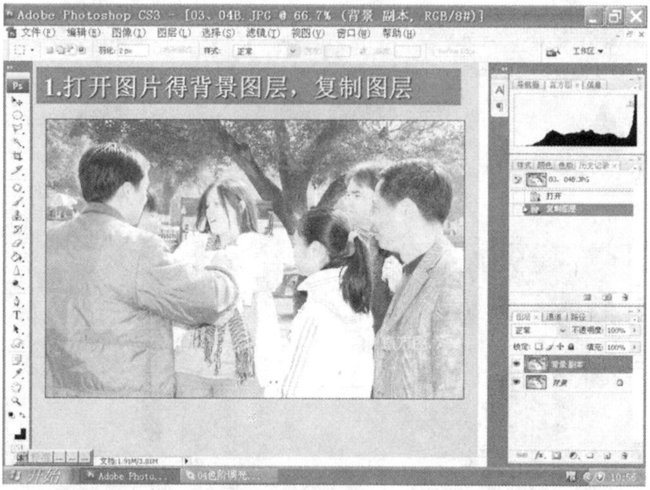
Adobe Photoshop CS3 - [03、04B.JPG @ 66.7% (背景 副本, RGB/8#)]
1.打开图片得背景图层，复制图层

图 12-15 过曝照片调整步骤 1

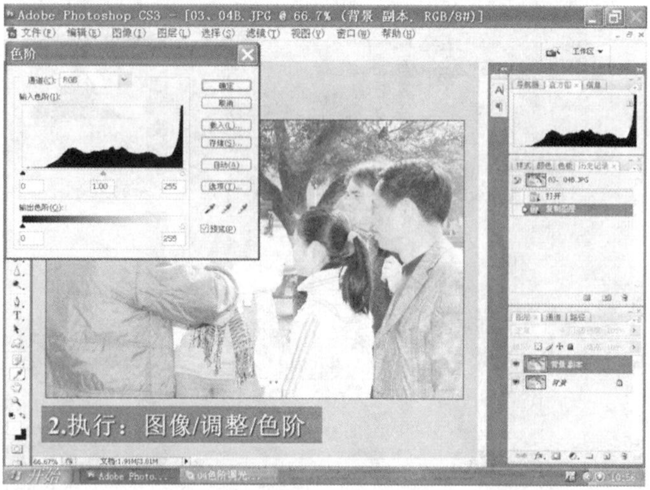
Adobe Photoshop CS3 - [03、04B.JPG @ 66.7% (背景 副本, RGB/8#)]
色阶
2.执行：图像/调整/色阶

图 12-16 过曝照片调整步骤 2

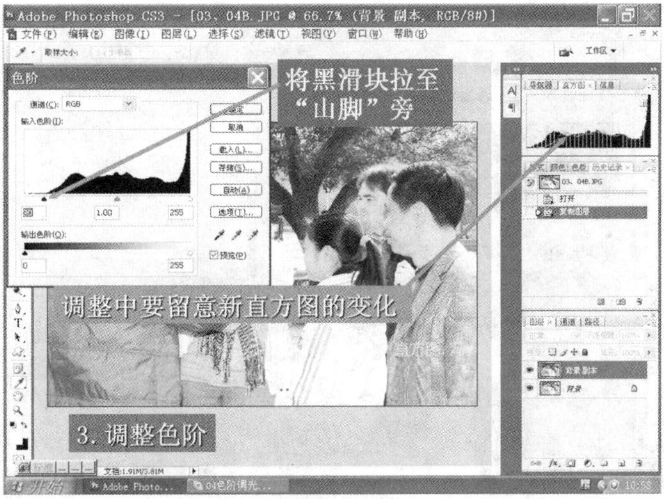
Adobe Photoshop CS3 - [03、04B.JPG @ 66.7% (背景 副本, RGB/8#)]
色阶
将黑滑块拉至
“山脚”旁
调整中要留意新直方图的变化
3. 调整色阶

图 12-17　过曝照片调整步骤 3

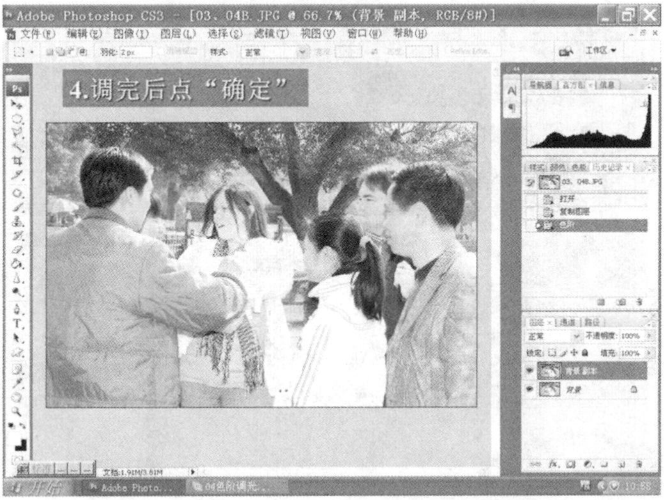
Adobe Photoshop CS3 - [03、04B.JPG @ 66.7% (背景 副本, RGB/8#)]
4.调完后点“确定”

图 12-18　过曝照片调整步骤 4

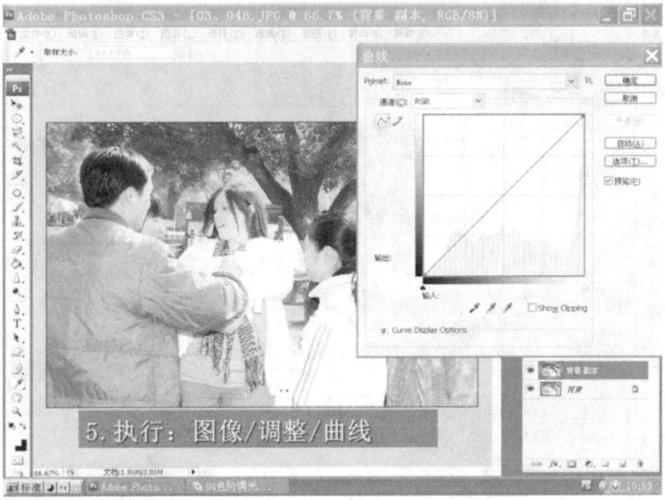
Adobe Photoshop CS3 - [03、04B.JPG @ 66.7% (背景 副本, RGB/8#)]
曲线
5. 执行：图像/调整/曲线

图 12-19　过曝照片调整步骤 5

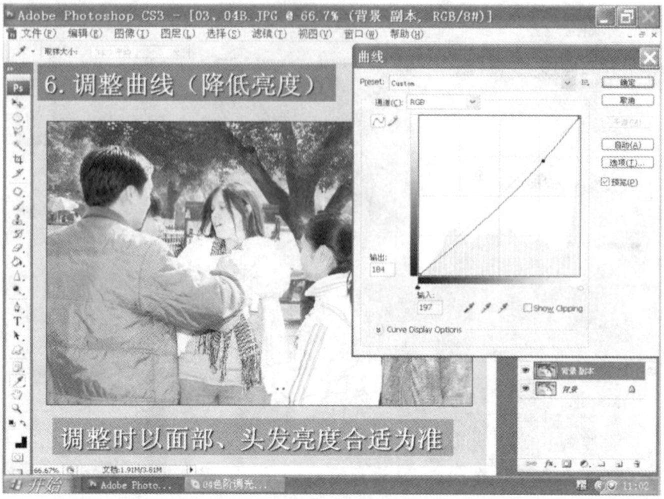
6. 调整曲线（降低亮度）
调整时以面部、头发亮度合适为准

图 12–20　过曝照片调整步骤 6

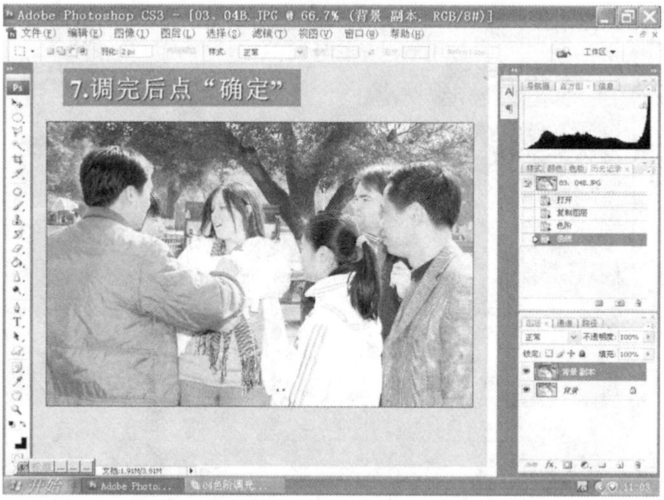
7.调完后点“确定”

图 12–21　过曝照片调整步骤 7

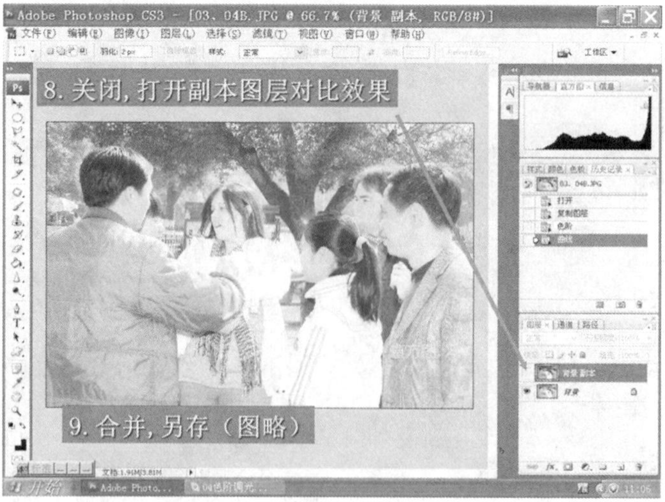
8. 关闭，打开副本图层对比效果
9. 合并，另存（图略）

图 12–22　过曝照片调整步骤 8、9

局部欠曝照片调整：

Adobe Photoshop CS3 - [04C.JPG @ 66.7% (背景 副本, RGB/8)]
1.打开图片得背景图层，复制图层

图 12-23　局部欠曝照片调整步骤 1

Adobe Photoshop CS3 - [04C.JPG @ 66.7% (背景 副本, RGB/8)]
色阶
2. 执行：图像/调整/色阶

图 12-24　局部欠曝照片调整步骤 2

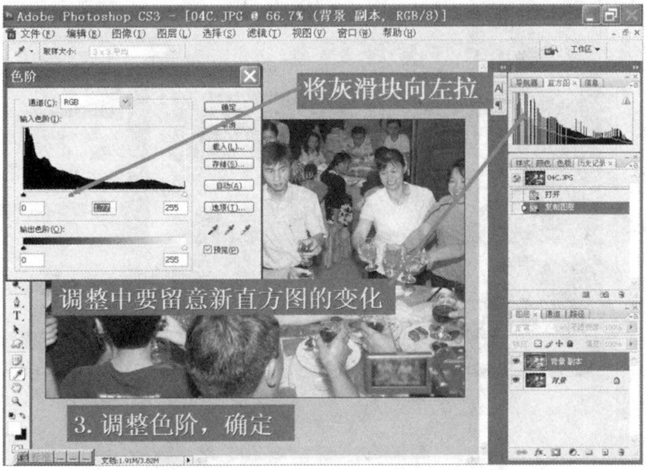
Adobe Photoshop CS3 - [04C.JPG @ 66.7% (背景 副本, RGB/8)]
色阶
将灰滑块向左拉
调整中要留意新直方图的变化
3. 调整色阶，确定

图 12-25　局部欠曝照片调整步骤 3

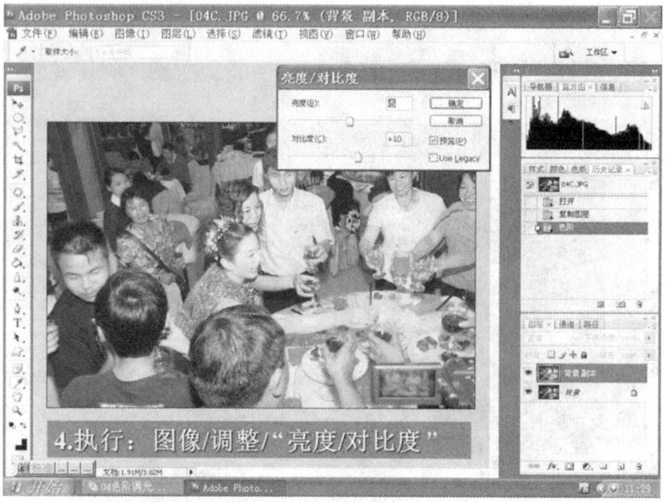
Adobe Photoshop CS3 - [04C.JPG @ 66.7% (背景 副本, RGB/8)]
亮度/对比度
4.执行：图像/调整/“亮度/对比度”

图 12-26　局部欠曝照片调整步骤 4

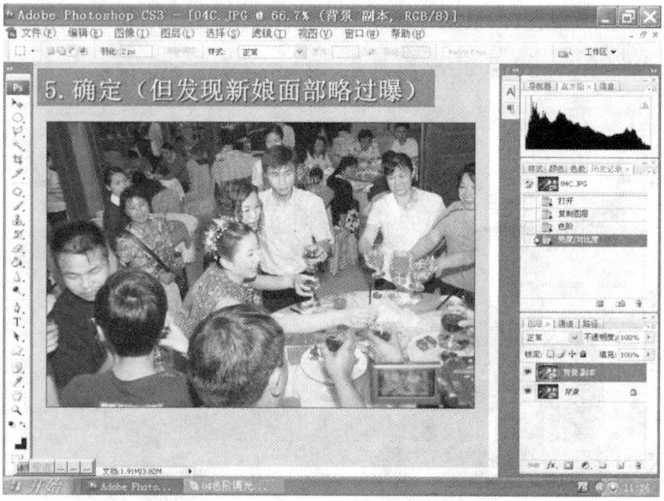
Adobe Photoshop CS3 - [04C.JPG @ 66.7% (背景 副本, RGB/8)]
5. 确定（但发现新娘面部略过曝）

图 12-27　局部欠曝照片调整步骤 5

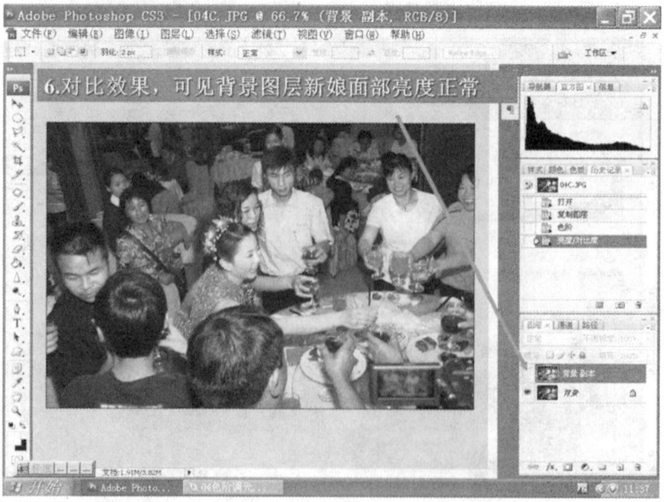
Adobe Photoshop CS3 - [04C.JPG @ 66.7% (背景 副本, RGB/8)]
6.对比效果，可见背景图层新娘面部亮度正常

图 12-28　局部欠曝照片调整步骤 6

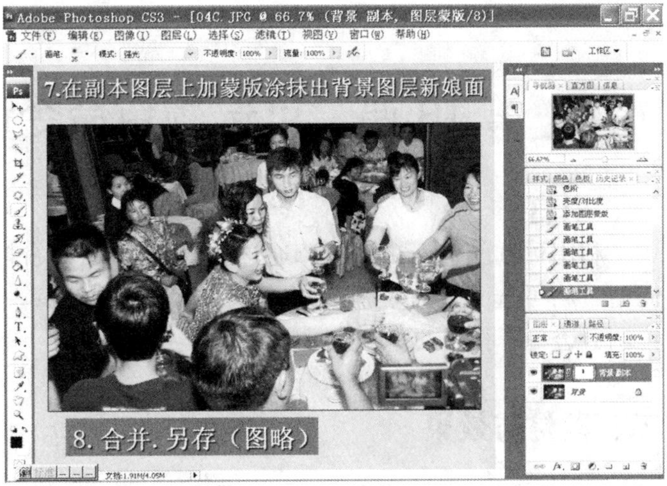

图 12-29　局部欠曝照片调整步骤 7、8

五、请同学们打开本课素材照片进行练习

六、提问与小结

1. 色阶与直方图的关系。
2. 调整黑白灰滑块的作用。
3. “小山”左右山脚与亮度的关系。

七、老师的话

使用色阶调整照片亮度方法的确很简单，但一定要结合直方图理解才能真正掌握，进而举一反三，最后挥洒自如。

八、思考与练习

1. 摄影师有句口头禅“宁欠勿过”，你可以从色阶调整的角度理解这句话吗？
2. 哪一种照片用色阶调整亮度时不调黑滑块？

第 13 课　可选颜色命令调色调通透练习

一、引言

利用可选颜色命令调色调通透其实很简单，关键在于理解。本课的目的是让同学们通过用可选颜色命令调色调通透的练习，理解每一个调节步骤的含义和作用，为调色调通透打下扎实的基础。

二、素材与效果

图 13－1　可选颜色命令调色调通透练习素材

图 13－2　可选颜色命令调色调通透练习效果图

三、使用工具与命令

可选颜色、色阶。

四、制作过程

1. 打开文件，点击“创建新的填充或调整图层”按钮，选择“可选颜色”命令

图 13–3　可选颜色命令调色调通透练习步骤 1

2. 减少红色里的“黑色”以增加银杏叶的
红色的亮度，但同时银杏叶的红色会变淡

图 13–4　可选颜色命令调色调通透练习步骤 2

3. 减少“青色”（即增加红色），增加
黄色，使银杏叶的红色恢复正常甚至更浓

图 13–5　可选颜色命令调色调通透练习步骤 3

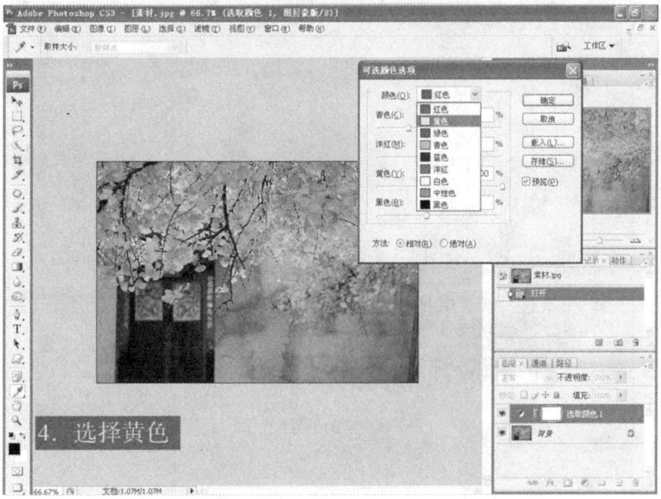
4. 选择黄色

图 13–6　可选颜色命令调色调通透练习步骤 4

图 13–7　可选颜色命令调色调通透练习步骤 5

图 13–8　可选颜色命令调色调通透练习步骤 6

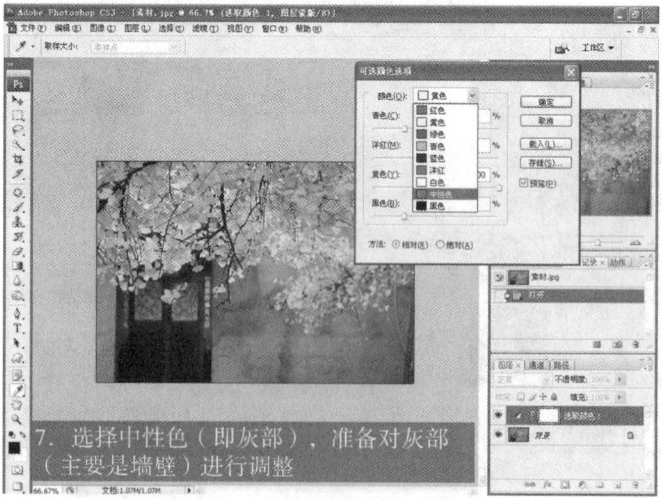

图 13–9　可选颜色命令调色调通透练习步骤 7

8. 增加“黄色”以减少墙壁的亮度

图 13-10　可选颜色命令调色调通透练习步骤 8

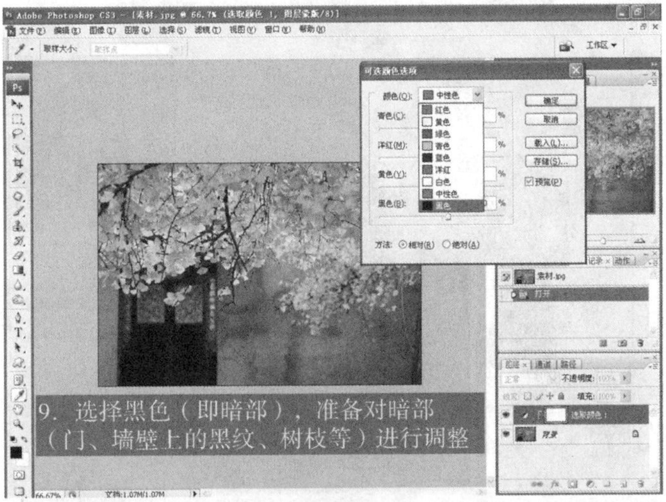
9. 选择黑色（即暗部），准备对暗部
（门、墙壁上的黑纹、树枝等）进行调整

图 13-11　可选颜色命令调色调通透练习步骤 9

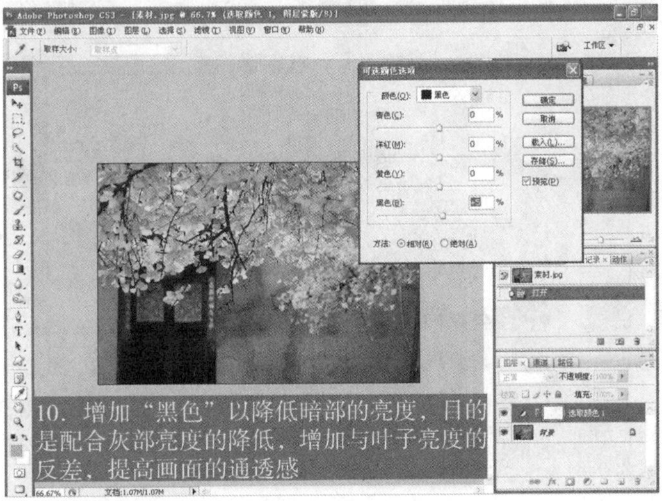
10. 增加“黑色”以降低暗部的亮度，目的
是配合灰部亮度的降低，增加与叶子亮度的
反差，提高画面的通透感

图 13-12　可选颜色命令调色调通透练习步骤 10

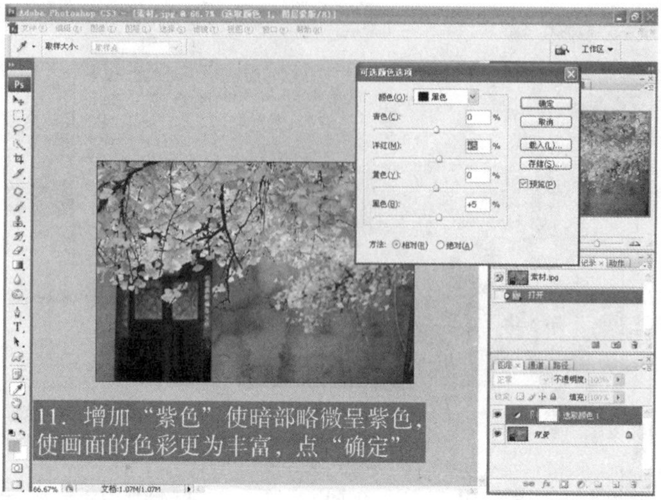
11. 增加“紫色”使暗部略微呈紫色，
使画面的色彩更为丰富，点“确定”

图 13–13　可选颜色命令调色调通透练习步骤 11

12. 至此，画面的色彩和通透感都得到比较大的改善，若希望效果更为强烈，可以选择使用一些可以增加对比度的命令，这里我们选择“色阶”命令

图 13–14　可选颜色命令调色调通透练习步骤 12

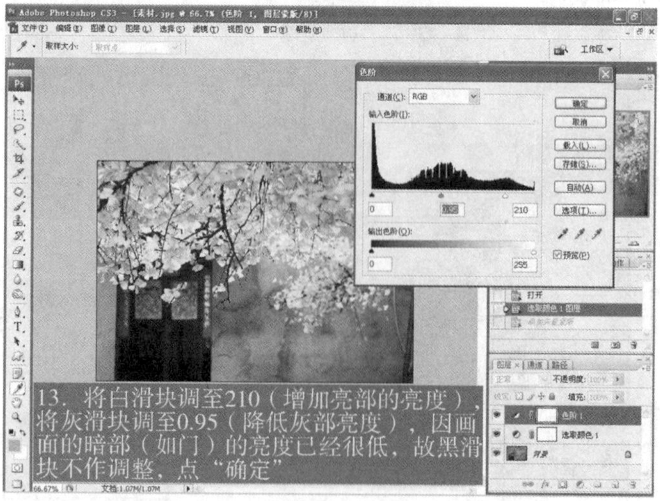
13. 将白滑块调至210（增加亮部的亮度），将灰滑块调至0.95（降低灰部亮度），因画面的暗部（如门）的亮度已经很低，故黑滑块不作调整，点“确定”

图 13–15　可选颜色命令调色调通透练习步骤 13

14. 在任一图层上点右键，选“合并可见图层”（也可选择“拼合图像”），将全部图层合并

图 13–16　可选颜色命令调色调通透练习步骤 14

15. 储存文件，结束本次修片

图 13–17　可选颜色命令调色调通透练习步骤 15

五、请同学们打开本课素材照片进行练习

六、提问与小结

1. 金黄的银杏叶里面含哪些颜色？

2. 调节颜色的亮度会对其浓度（饱和度）有什么影响？如何使其恢复正常？

3. 本课练习为了提高画面的通透感而降低了灰部和暗部的亮度，但没有调节亮部的亮度，为什么？

4. 本课为什么要增加应用“色阶”命令？

七、老师的话

“可选颜色”命令有针对某种颜色进行调节的功能，还有灵活、快捷、准确地调节通透感的功能。但在调节通透感方面其能力较弱，有时需要其他命令加以补充。

八、思考与练习

本课例调通透中，对亮部、灰部、暗部的亮度各进行了怎样的处理？为什么要这样处理？

第 14 课　Lab 应用 1：增加鲜艳度

一、引言

常用的 RGB 色彩模式的颜色通道（R、G、B）与黑白图像通道（灰度）关系密切，即 RGB 同时决定图像的色度与灰度。

而 Lab 色彩模式具有颜色通道（a、b）与黑白图像通道（明度）可以分别处理而互不影响的优点，在希望色彩处理空间比较大的糖水片中应用广泛。

本课的目的是使同学们掌握最基本的 Lab 模式下的调色技术，为以后掌握更多的调色技巧打好基础。

二、素材与效果

图 14-1　增加鲜艳度素材

图 14-2　增加鲜艳度效果图

三、使用工具与命令

Lab 颜色模式、SM 锐化、应用图像。

四、制作过程

一、转换模式
1.打开素材图片，复制图层

图 14–3　转换模式步骤 1

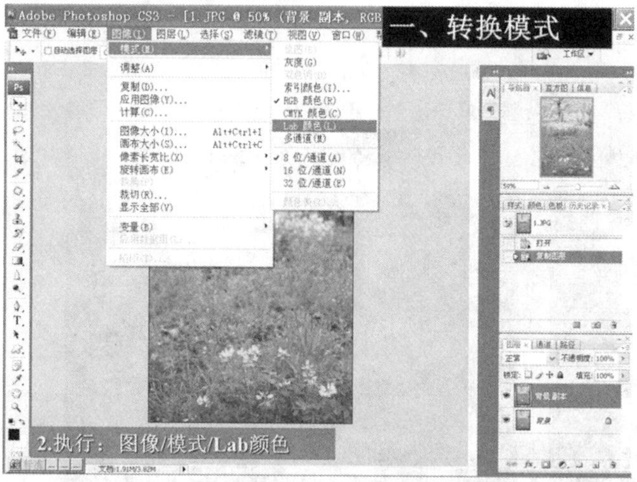
一、转换模式
2.执行：图像/模式/Lab颜色

图 14–4　转换模式步骤 2

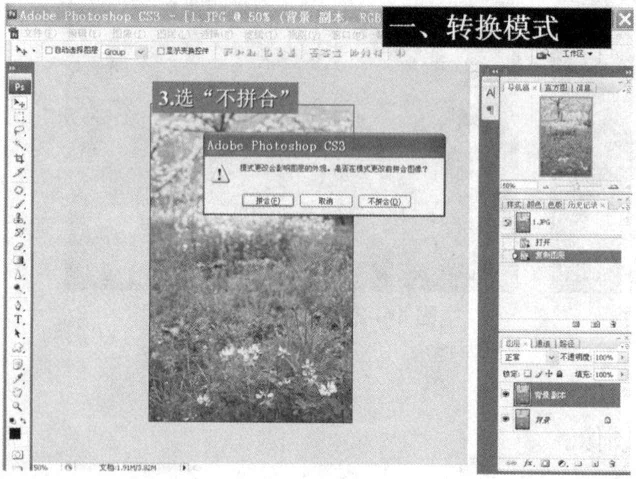
一、转换模式
3.选“不拼合”
Adobe Photoshop CS3

图 14–5　转换模式步骤 3

一、转换模式
4.至此图像已经转为Lab颜色模式

图 14-6　转换模式步骤 4

二、增加锐度
1.点选通道

图 14-7　增加锐度步骤 1

二、增加锐度
2.点选明度

图 14-8　增加锐度步骤 2

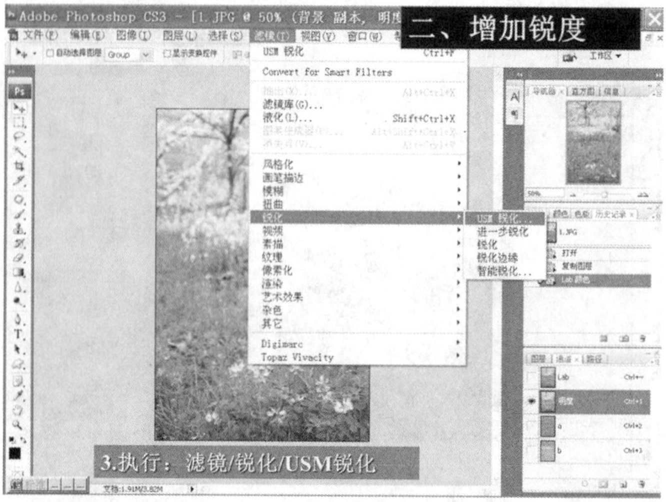
二、增加锐度
3.执行：滤镜/锐化/USM锐化
图 14–9　增加锐度步骤 3

二、增加锐度
USM 锐化
4.设置参数，点“确定”
图 14–10　增加锐度步骤 4

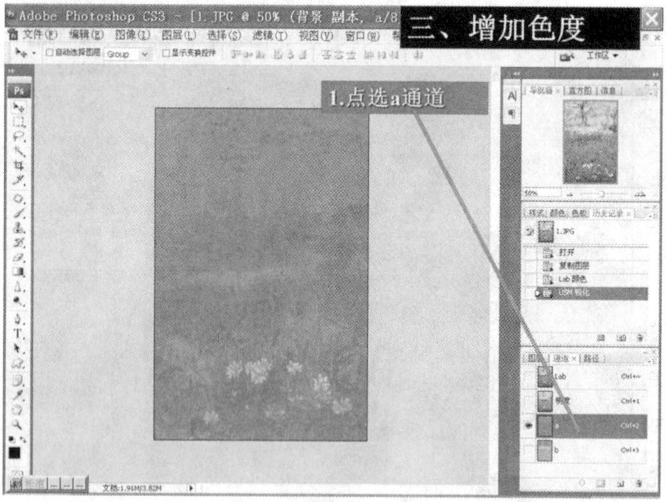
三、增加色度
1.点选a通道
图 14–11　增加色度步骤 1

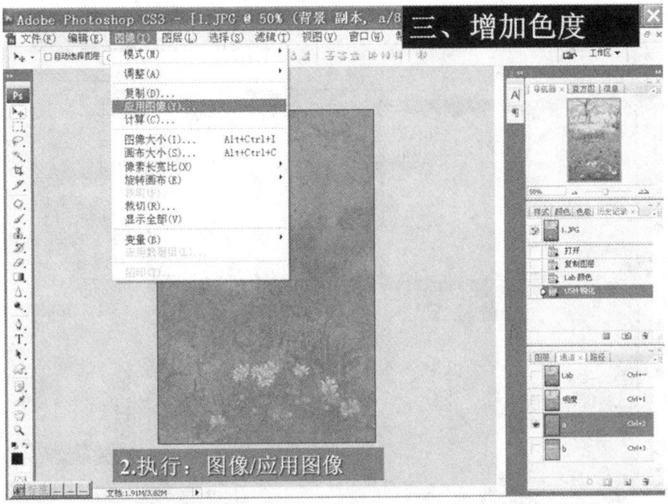
三、增加色度
2.执行：图像/应用图像

图 14-12　增加色度步骤 2

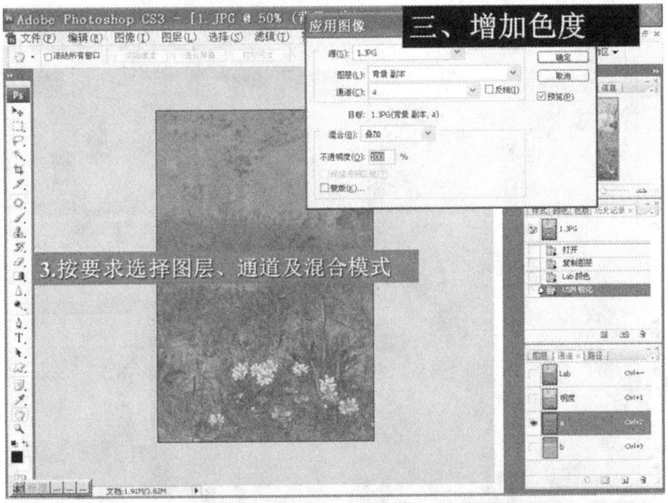
三、增加色度
应用图像
3.按要求选择图层、通道及混合模式

图 14-13　增加色度步骤 3

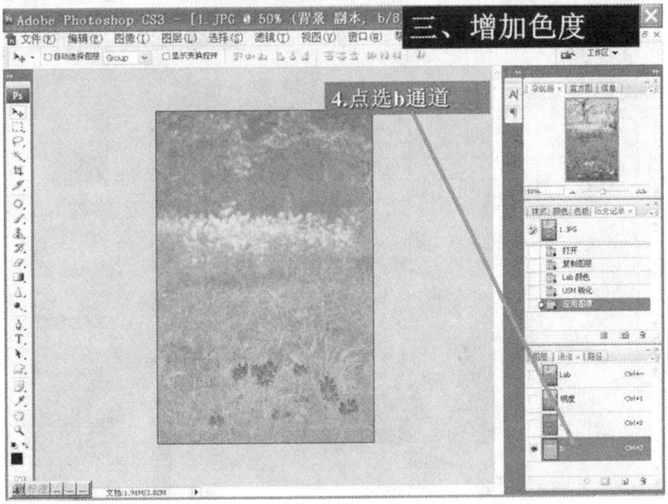
三、增加色度
4.点选b通道

图 14-14　增加色度步骤 4

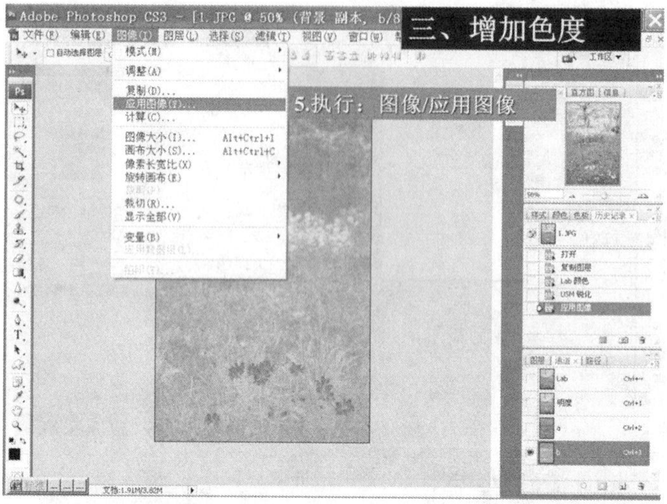
三、增加色度
5.执行：图像/应用图像

图 14-15　增加色度步骤 5

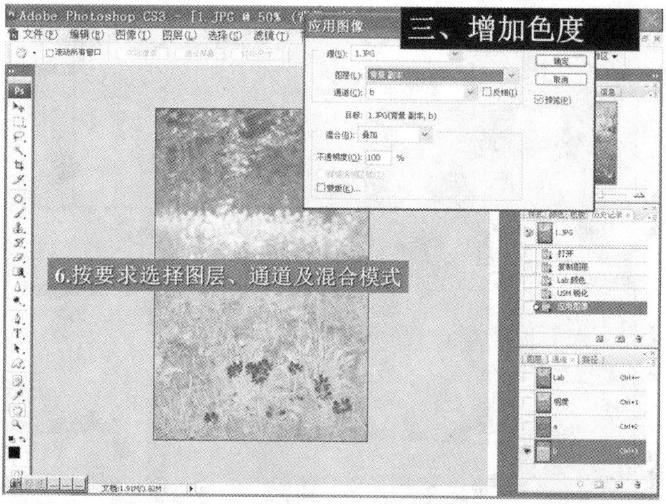
三、增加色度
6.按要求选择图层、通道及混合模式

图 14-16　增加色度步骤 6

三、增加色度
7.点选Lab通道

图 14-17　增加色度步骤 7

Adobe Photoshop CS3 - [1.JPG @ 50% (背景 副本, Lab
三、增加色度
8.点选图层

图 14–18　增加色度步骤 8

Adobe Photoshop CS3 - [1.JPG @ 50% (背景 副本, Lab
三、增加色度
9.关闭副本图层以对比效果

图 14–19　增加色度步骤 9

Adobe Photoshop CS3 - [1.JPG @ 50% (背景 副本, Lab
三、增加色度
10.将副本图层不透明度适当调小

图 14–20　增加色度步骤 10

四、合并图像
合并图像

图 14-21　合并图像

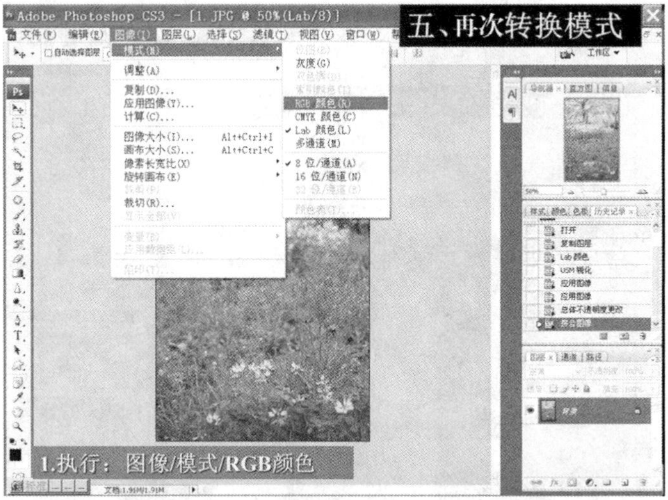
五、再次转换模式
1.执行：图像/模式/RGB颜色

图 14-22　再次转换模式步骤 1

五、再次转换模式
2.至此图像已经转回RGB颜色模式，建议另存图像
注意：不转回RGB模式图像不能正常存储

图 14-23　再次转换模式步骤 2

五、请同学们打开本课素材照片进行练习

六、提问与小结

1. 转换颜色模式的方法。
2. 独立处理黑白图像的方法。
3. 独立处理色度图像的方法。

七、老师的话

没有阳光的数码照片颜色一般比较暗淡。用 Lab 模式处理的照片色彩特别鲜艳，可以弥补天气、季节对照片色彩的不利影响。更重要的是我们又学会了一种调色的手段。

八、思考与练习

1. 转换成 Lab 模式来处理颜色有什么好处？
2. 如何转换成 Lab 颜色模式？
3. 请你找出最终效果图的不足之处，并提出解决方法。

第 15 课　Lab 应用 2：学调阿宝色

一、引言

阿宝色其实是一种色调的名称，它的色调可概括为：颜色淡雅（浓度在 –5 至 0 之间），色彩的饱和度在 –15 至 –5 之间，整体感觉偏于一种色相。

要达到阿宝色的最终效果，就像大家所看到的一样，分为前期和后期。

前期就是器材，好的相机和镜头，以及恰如其分的用光（面部补光）；后期就是通过 Photoshop 和以光影为主的软件，调整出这样的颜色。阿宝色倾向女孩色，脸部粉红带黄，背景带蓝绿色调，照片整体色调清新透亮。

其实阿宝色主要是体现在摄影的后期处理上，像其他的还有 V2 等颜色模式，主要是为了体现一种色彩风格，你可以多了解一下照片后期处理的几种颜色风格，慢慢地尝试一下，一般要调好一张照片的颜色，细心一点的专业后期处理师要花几个小时的时间。

二、素材与效果

图 15–1　阿宝色练习素材

图 15–2　阿宝色练习效果图

三、使用工具与命令

Lab 颜色模式、USM 锐化、a 通道粘贴到 b 通道、色彩平衡、可选颜色、曲线。

四、制作过程

一、转换模式
1.打开素材图片，复制图层
注意：磨皮步骤参照第5课，本课省略

图 15-3　转换模式步骤 1

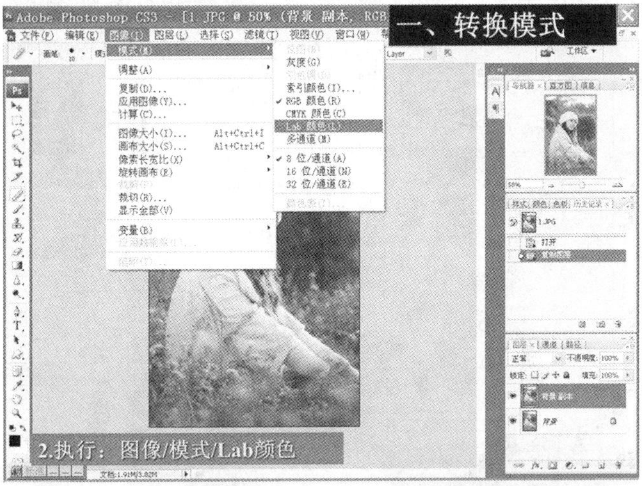
一、转换模式
2.执行：图像/模式/Lab颜色

图 15-4　转换模式步骤 2

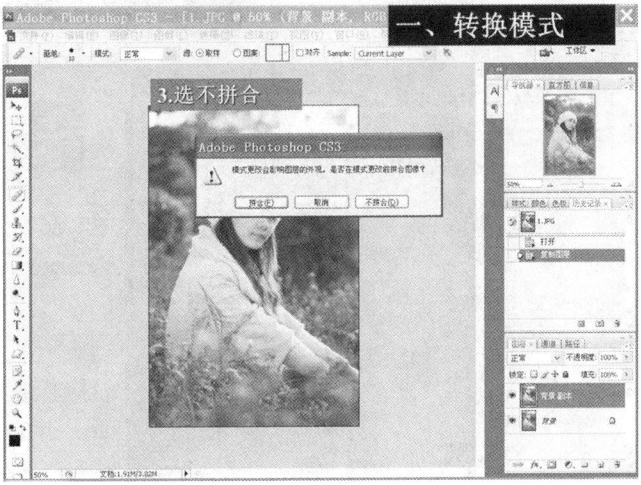
一、转换模式
3.选不拼合
Adobe Photoshop CS3

图 15-5　转换模式步骤 3

图 15-6　增加锐度步骤 1

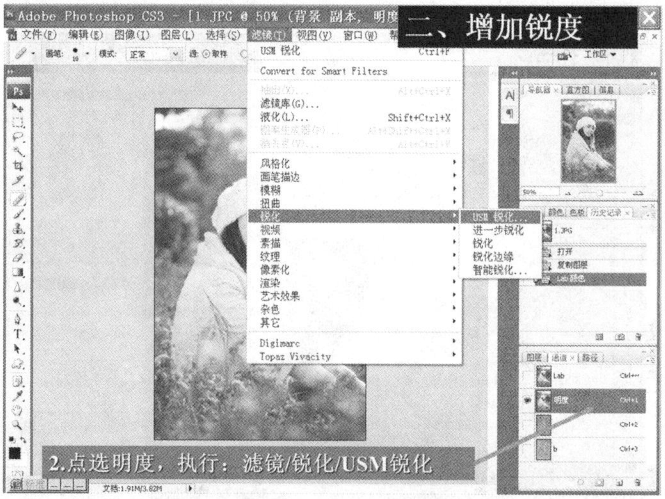

图 15-7　增加锐度步骤 2

图 15-8　增加锐度步骤 3

三、通道处理
1.点选a通道，按Ctrl+A(全选)，按Ctrl+C(复制)

图 15–9　通道处理步骤 1

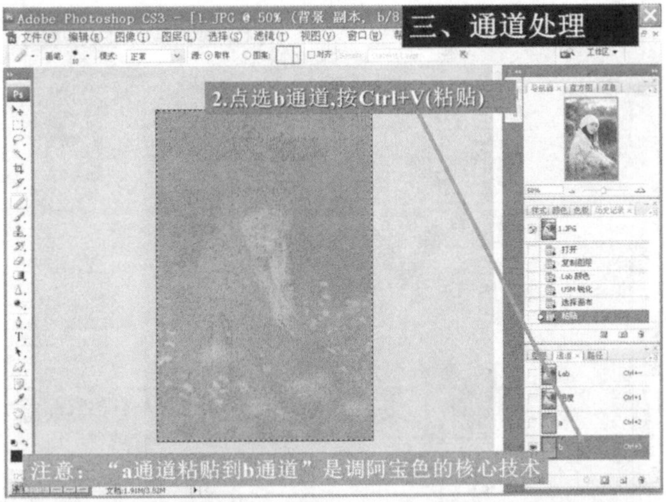
三、通道处理
2.点选b通道,按Ctrl+V(粘贴)
注意："a通道粘贴到b通道"是调阿宝色的核心技术

图 15–10　通道处理步骤 2

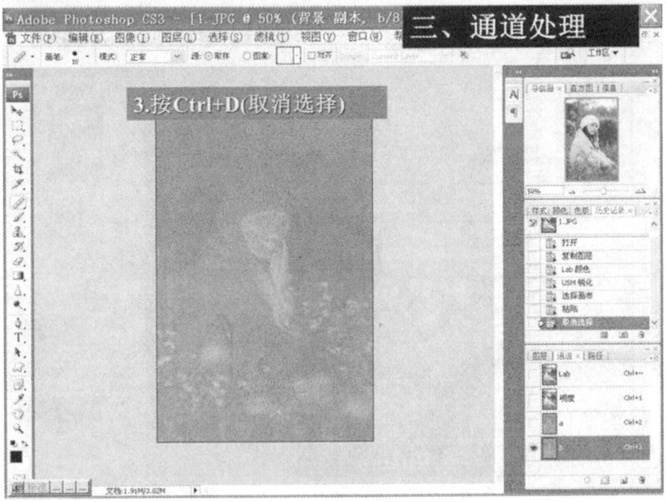
三、通道处理
3.按Ctrl+D(取消选择)

图 15–11　通道处理步骤 3

三、通道处理
4.点选Lab通道
提示：可见阿宝色基本特点是“红变橙，绿变青”，但最重要的是女孩子肤色变红润了

图 15-12　通道处理步骤 4

三、通道处理
5.点选图层

图 15-13　通道处理步骤 5

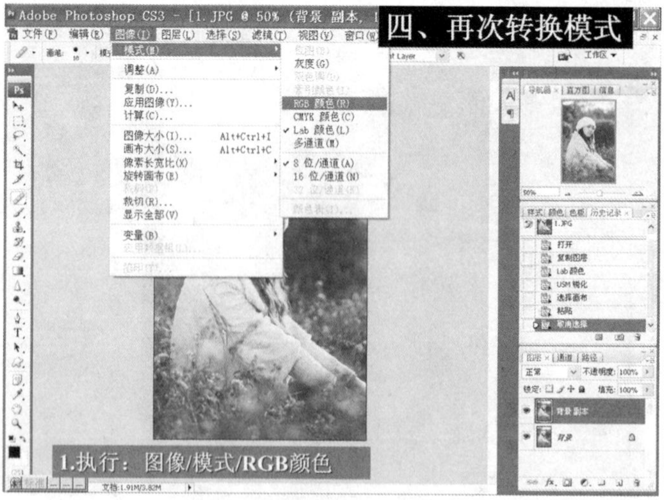
四、再次转换模式
1.执行：图像/模式/RGB颜色

图 15-14　再次转换模式步骤 1

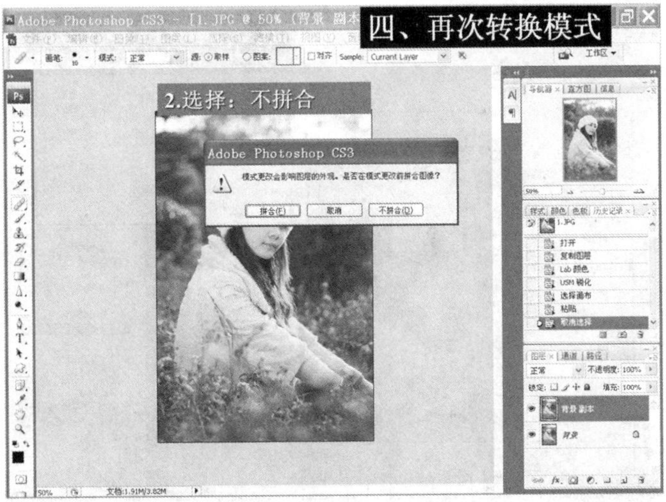
四、再次转换模式
2.选择：不拼合
Adobe Photoshop CS3
拼合(F)
取消
不拼合(D)

图 15-15　再次转换模式步骤 2

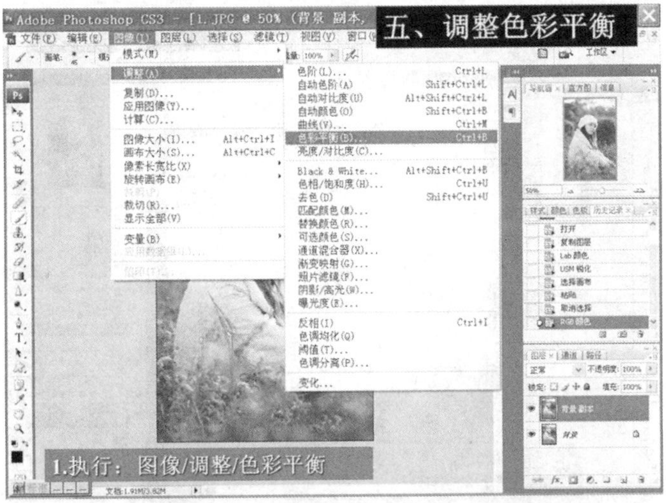
五、调整色彩平衡
1.执行：图像/调整/色彩平衡

图 15-16　调整色彩平衡步骤 1

五、调整色彩平衡
色彩平衡
2.点选高光，增加红色

图 15-17　调整色彩平衡步骤 2

五、调整色彩平衡
色彩平衡
3.点选阴影，增加青色

图 15-18　调整色彩平衡步骤 3

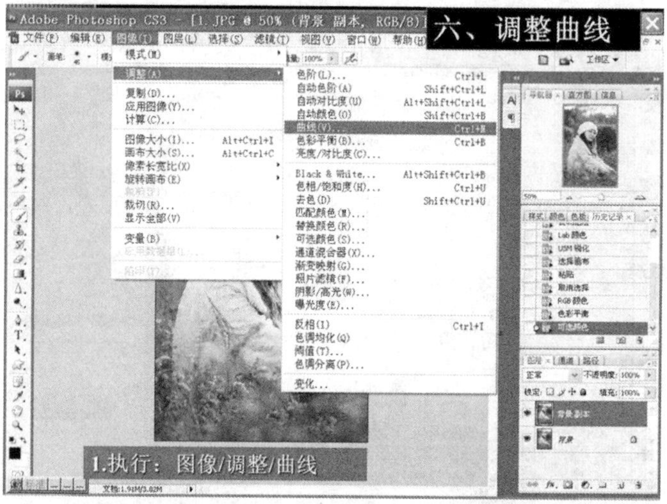
六、调整曲线
1.执行：图像/调整/曲线

图 15-19　调整曲线步骤 1

六、调整曲线
曲线
2.稍稍提升面部亮度

图 15-20　调整曲线步骤 2

Adobe Photoshop CS3 - [1.JPG @ 50% (背景 副本, RGB/8)]
七、对比效果
关闭副本图层以对比效果

图 15-21　对比效果

Adobe Photoshop CS3 - [1.JPG @ 50% (背景 副本, RGB/8)]
八、减弱效果
将副本图层不透明度适当调小
提示：此步图像实际情况可省略

图 15-22　减弱效果

Adobe Photoshop CS3 - [1.JPG @ 50%(RGB/8)]
九、合并图像
合并图像，建议另存
注意：不合并直接另存也可以

图 15-23　合并图像

五、请同学们打开本课素材照片进行练习

六、提问与小结

1. 转换颜色模式的方法。
2. 阿宝色核心技术。
3. 新学的调色方法。

七、老师的话

调阿宝色的主要目的是将人面调红润，具体方法可以各自发挥。学调阿宝色可以使我们对人像美化所用到的方法都有一个大致的了解，熟练掌握后只要有小小的变通即可形成新风格。

八、思考与练习

1. 阿宝色有什么特点？
2. 阿宝色的核心技术有哪些？

132

第 16 课　Lab 应用 3：学做糖水片

一、引言

糖水片主要是指一些拍女生的作品，通过后期处理，被摄主体被高度美化，同时整张照片色调明朗艳丽，吸引眼球。

这就跟通俗意义上的婚纱照一样，一切都往“漂亮”处理，追求的是整体的“美感”，其实这并不是摄影本身所追求的东西。

二、素材与效果

图 16–1　糖水片练习素材

图 16–2　糖水片练习效果图

三、使用工具与命令

Lab 颜色模式、USM 锐化、色彩平衡、曲线、蒙版。

四、制作过程

图 16–3　图层改名步骤 1

图 16–4　图层改名步骤 2

图 16–5　图层改名步骤 3

Adobe Photoshop CS3
一、图层改名
4.用同样方法将副本图层重新命名为：环境
重要提示：
在后面的处理中，人面图层主要是修饰面部而不考虑环境情况。相反，环境图层则主要是修饰环境而不考虑人面情况，最后用蒙版将两图层合二为一。

图 16-6　图层改名步骤 4

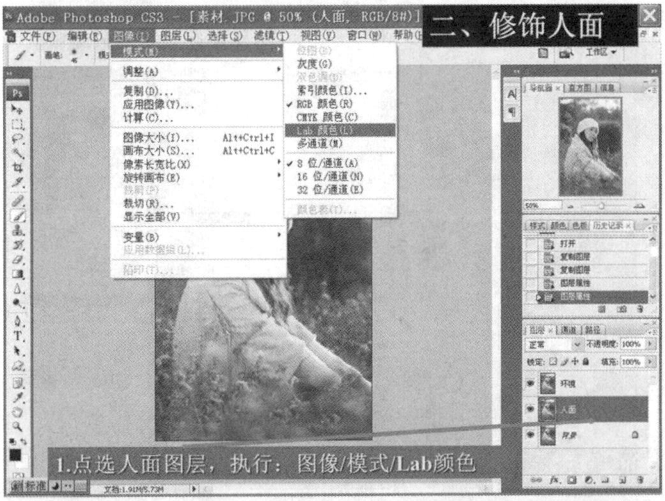
Adobe Photoshop CS3
二、修饰人面
1.点选人面图层，执行：图像/模式/Lab颜色

图 16-7　修饰人面步骤 1

Adobe Photoshop CS3
二、修饰人面
2.选“不拼合”

图 16-8　修饰人面步骤 2

Adobe Photoshop CS3 - [素材.JPG @ 50% (人面, Lab/8)]
二、修饰人面
3.关闭环境和背景图层“眼睛”
此举的目的是避免初学者操作混乱

图 16–9　修饰人面步骤 3

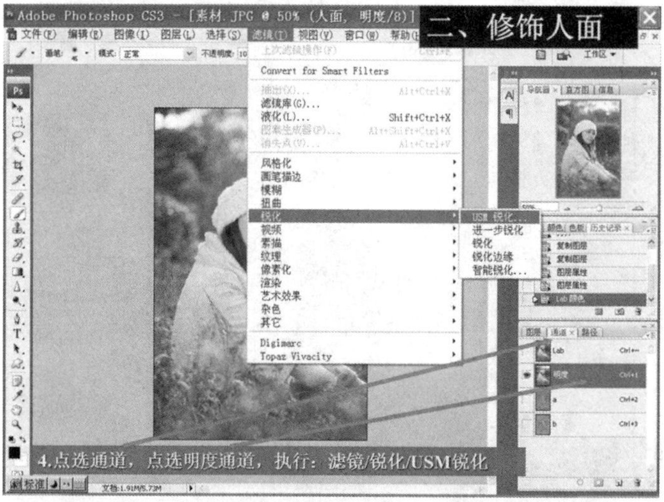
Adobe Photoshop CS3 - [素材.JPG @ 50% (人面, 明度/8)]
二、修饰人面
4.点选通道，点选明度通道，执行：滤镜/锐化/USM锐化

图 16–10　修饰人面步骤 4

Adobe Photoshop CS3 - [素材.JPG @ 50% (人面, 明度/8)]
二、修饰人面
5.设置参数，点“确定”
USM 锐化

图 16–11　修饰人面步骤 5

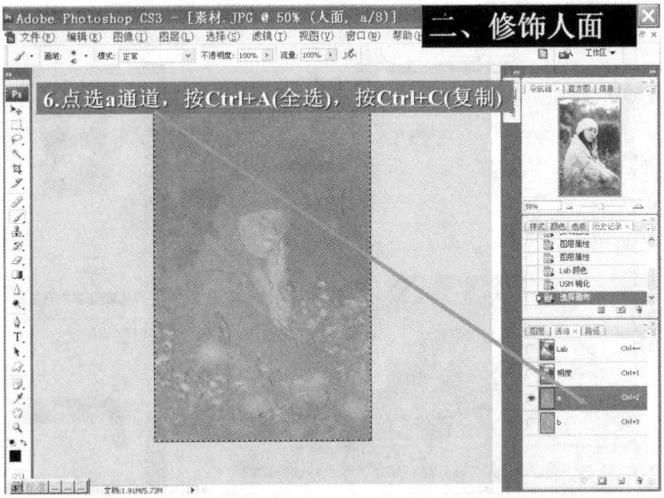
Adobe Photoshop CS3 - [素材.JPG @ 50% (人面, a/8)]
二、修饰人面
6.点选a通道，按Ctrl+A(全选)，按Ctrl+C(复制)

图 16–12　修饰人面步骤 6

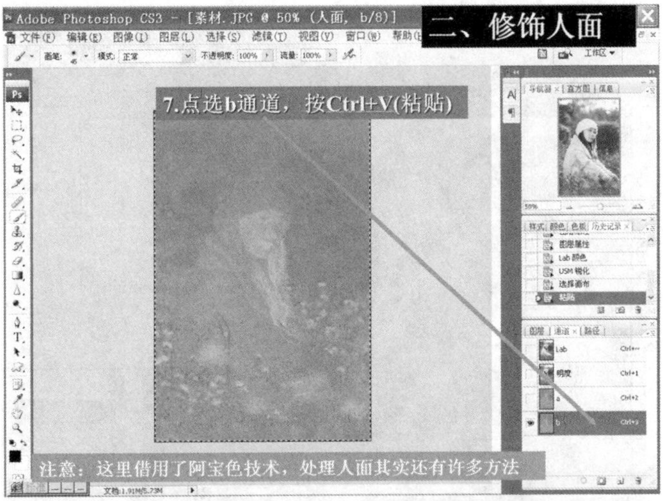
Adobe Photoshop CS3 - [素材.JPG @ 50% (人面, b/8)]
二、修饰人面
7.点选b通道，按Ctrl+V(粘贴)
注意：这里借用了阿宝色技术，处理人面其实还有许多方法

图 16–13　修饰人面步骤 7

Adobe Photoshop CS3 - [素材.JPG @ 50% (人面, Lab/8)]
二、修饰人面
8.按Ctrl+D(取消选区)，点选Lab通道

图 16–14　修饰人面步骤 8

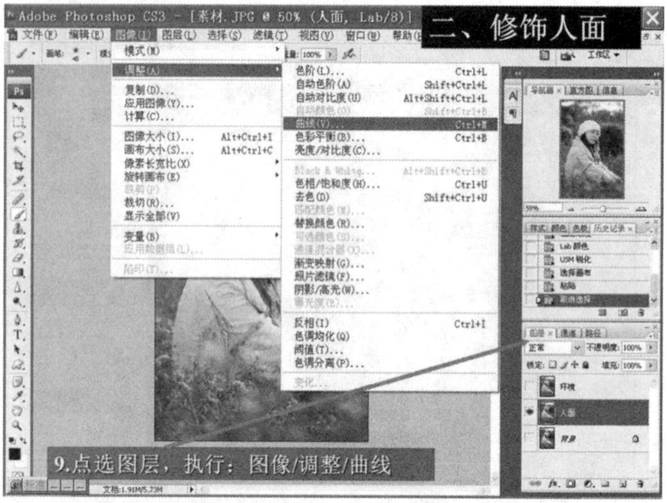
Adobe Photoshop CS3 - [素材.JPG @ 50% (人面, Lab/8)]
二、修饰人面
9.点选图层，执行：图像/调整/曲线

图 16–15　修饰人面步骤 9

Adobe Photoshop CS3 - [素材.JPG @ 50% (人面, Lab/8)]
二、修饰人面
曲线
10.适当提升面部亮度

图 16–16　修饰人面步骤 10

Adobe Photoshop CS3 - [素材.JPG @ 50% (环境, Lab/8)]
三、修饰环境
1.点选环境图层，关闭人面与背景“眼睛”

图 16–17　修饰环境步骤 1

图 16-18　修饰环境步骤 2

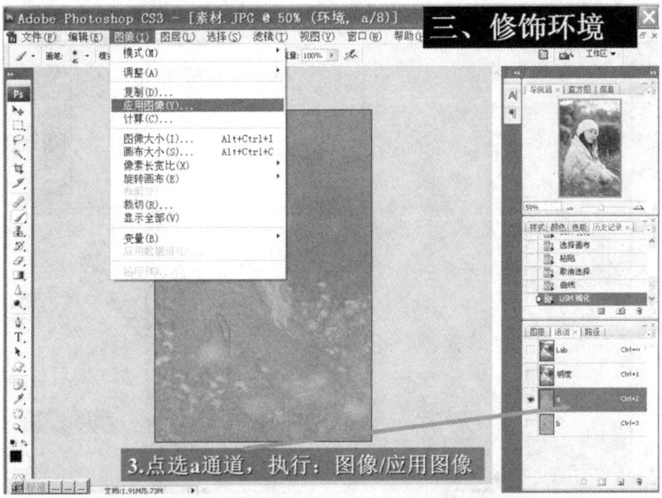

图 16-19　修饰环境步骤 3

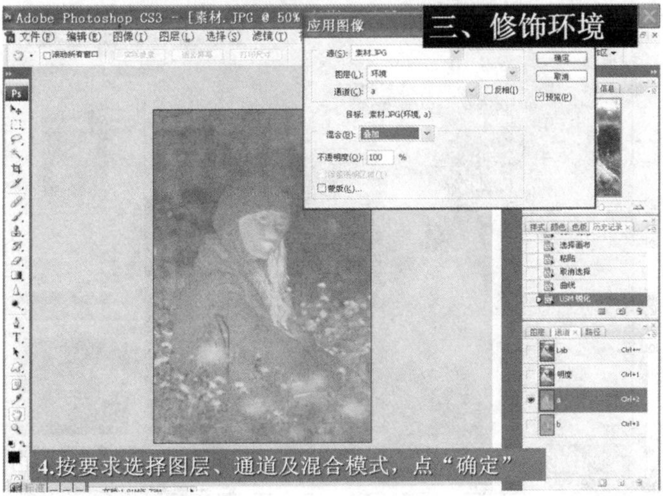

图 16-20　修饰环境步骤 4

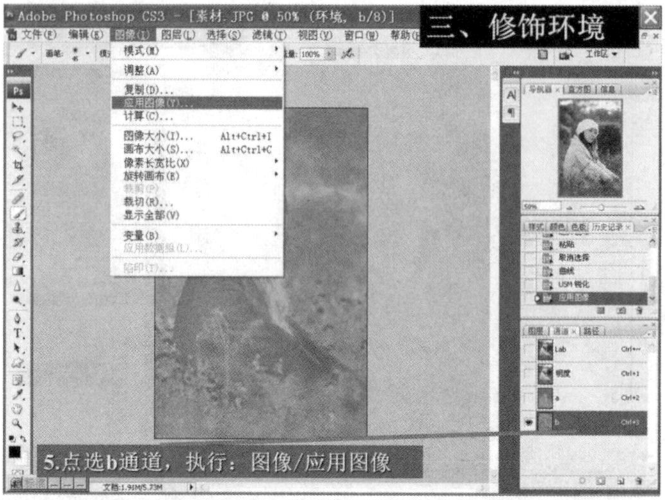
三、修饰环境
5.点选b通道，执行：图像/应用图像

图 16–21　修饰环境步骤 5

三、修饰环境
应用图像
6.按要求选择图层、通道及混合模式，点“确定”

图 16–22　修饰环境步骤 6

三、修饰环境
7.点选Lab通道
至此色彩饱和度已经大幅度增加，但不够鲜艳，接着解决这个问题

图 16–23　修饰环境步骤 7

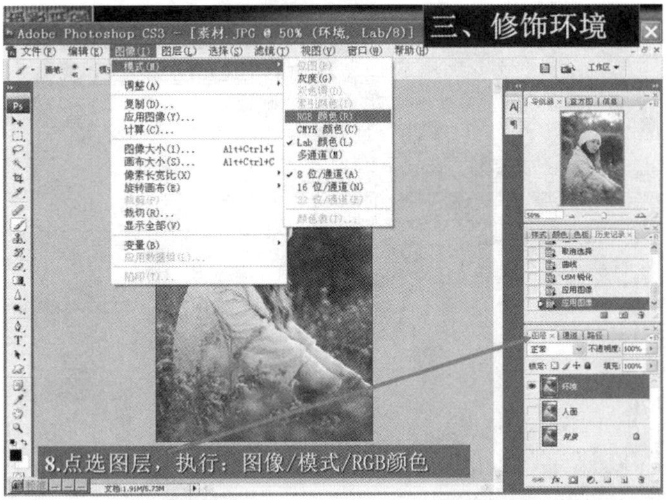

图 16-24　修饰环境步骤 8

图 16-25　修饰环境步骤 9

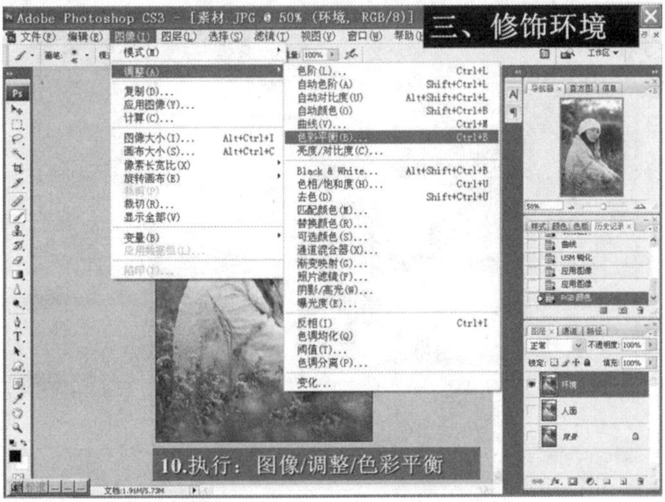

图 16-26　修饰环境步骤 10

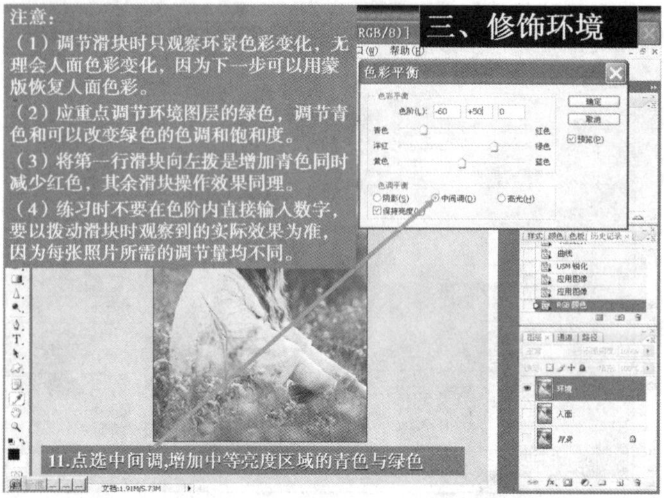
注意：
（1）调节滑块时只观察环景色彩变化，无理会人面色彩变化，因为下一步可以用蒙版恢复人面色彩。
（2）应重点调节环境图层的绿色，调节青色和可以改变绿色的色调和饱和度。
（3）将第一行滑块向左拨是增加青色同时减少红色，其余滑块操作效果同理。
（4）练习时不要在色阶内直接输入数字，要以拨动滑块时观察到的实际效果为准，因为每张照片所需的调节量均不同。
三、修饰环境
色彩平衡
11.点选中间调,增加中等亮度区域的青色与绿色

图 16-27　修饰环境步骤 11

重要提示：
选择在色彩平衡的高光区调色会使白色部分偏色（如本例中的帽子和部分衣服），从而增加了后面的蒙版处理的难度，建议以后如果画面有白色成分就取消高光区的非白色调色，改用其他方法调（如可选颜色）。
三、修饰环境
色彩平衡
12.点选高光，增加高亮度区域的青色

图 16-28　修饰环境步骤 12

三、修饰环境
色彩平衡
13.点选阴影，增加低亮度区域的青色和绿色，点“确定”

图 16-29　修饰环境步骤 13

四、恢复人物色彩
1.恢复人面图层“眼睛”，为环境图层增加蒙版，前景色设置为黑色，选取画笔涂抹人面和帽子、衣服部分（若觉帽子、衣服的色彩改变可以接受，也可以只涂抹人面）

图 16-30 恢复人物色彩步骤 1

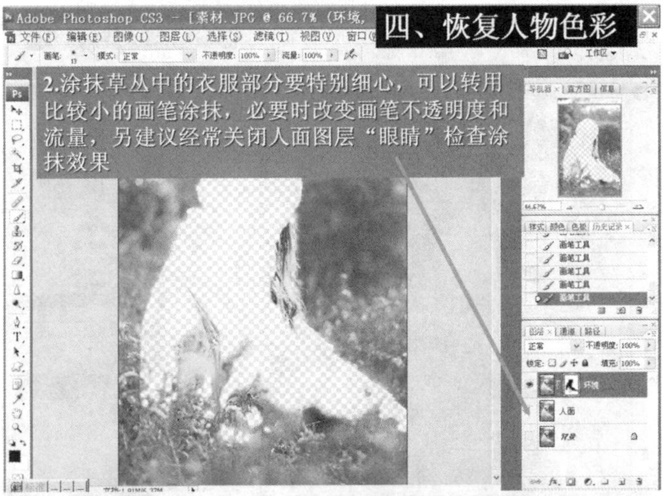
四、恢复人物色彩
2.涂抹草丛中的衣服部分要特别细心，可以转用比较小的画笔涂抹，必要时改变画笔不透明度和流量，另建议经常关闭人面图层“眼睛”检查涂抹效果

图 16-31 恢复人物色彩步骤 2

四、恢复人物色彩
3.恢复人面图层“眼睛”，观察最终效果

图 16-32 恢复人物色彩步骤 3

图 16–33　合并图层步骤 1

图 16–34　合并图层步骤 2

图 16–35　合并图层步骤 3

五、请同学们打开本课素材照片进行练习

六、提问与小结

1. 糖水片的特点。
2. 糖水片的处理思路。
3. 新学的调色方法。

七、老师的话

阿宝色是糖水片的一种。糖水片受到许多摄影大师的贬损，但深受女孩们的喜爱。

无论如何，糖水片用到的调色方法都是非常值得我们学习的，可以灵活应用到所有图片的处理中。

八、思考与练习

1. 糖水片有什么特点？
2. 糖水片为什么饱受攻击而又大行其道？
3. 糖水片的处理思路是怎样的？

第 17 课　调整阴雨天照片

一、引言

阴（雨）天室外拍的数码照片往往另有一番风味，但难免灰暗，这时后期处理就显得必不可少。本课的目的是让同学们提高运用各种常用方法调整亮度和色彩的综合能力。

二、素材与效果

图 17–1　调整阴雨天照片素材

图 17–2　调整阴雨天照片效果图

三、使用工具与命令

色阶、亮度 / 对比度、色彩平衡、色相 / 饱和度、应用图像、可选颜色、USM 锐化、曲线。

四、制作过程

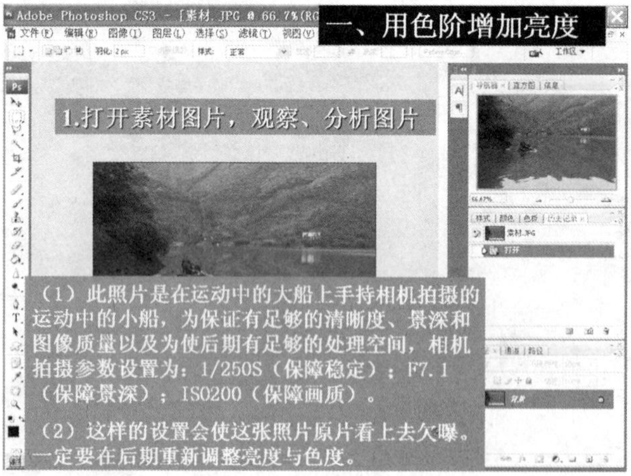
一、用色阶增加亮度
1.打开素材图片，观察、分析图片
（1）此照片是在运动中的大船上手持相机拍摄的运动中的小船，为保证有足够的清晰度、景深和图像质量以及为使后期有足够的处理空间，相机拍摄参数设置为：1/250S（保障稳定）；F7.1（保障景深）；ISO200（保障画质）。
（2）这样的设置会使这张照片原片看上去欠曝。一定要在后期重新调整亮度与色度。

图 17–3　用色阶增加亮度步骤 1

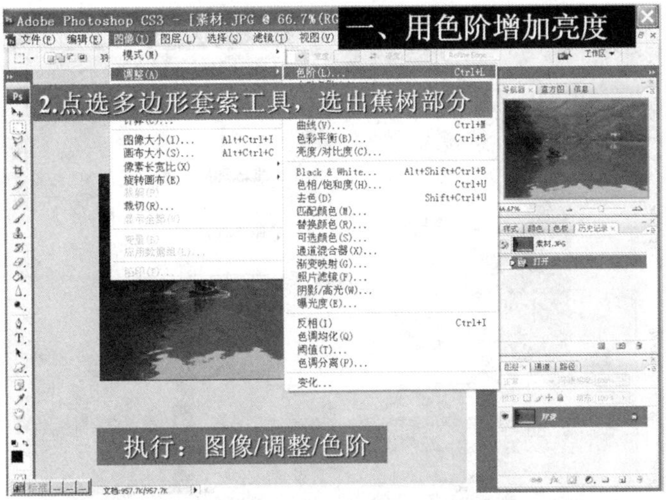
Adobe Photoshop CS3 - [素材.JPG @ 66.7%(RG
一、用色阶增加亮度
2.点选多边形套索工具，选出蕉树部分
执行：图像/调整/色阶

图 17-4　用色阶增加亮度步骤 2

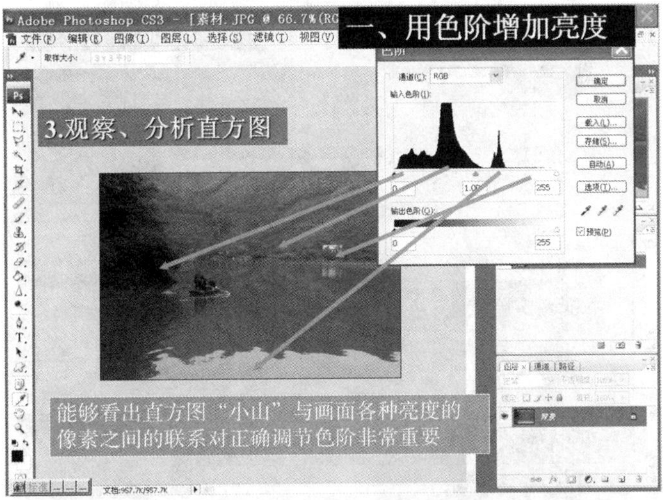
Adobe Photoshop CS3 - [素材.JPG @ 66.7%(RG
一、用色阶增加亮度
3.观察、分析直方图
能够看出直方图“小山”与画面各种亮度的
像素之间的联系对正确调节色阶非常重要

图 17-5　用色阶增加亮度步骤 3

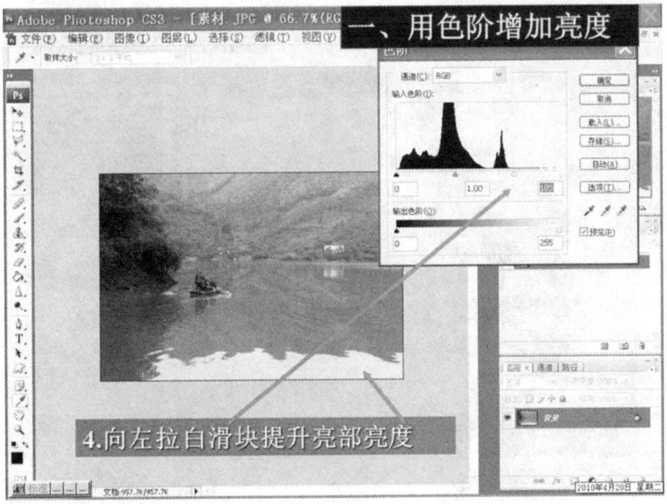
Adobe Photoshop CS3 - [素材.JPG @ 66.7%(RG
一、用色阶增加亮度
4.向左拉白滑块提升亮部亮度

图 17-6　用色阶增加亮度步骤 4

本课用色阶调节亮度理想效果的目测标准是：

照片整体亮度稍欠曝且偏灰（亮度均匀也就是对比度比较小）

（注：此标准是为后面的提高对比度做准备）

一、用色阶增加亮度

5.左拉灰滑块提升暗部亮度

图 17-7　用色阶增加亮度步骤 5

二、增加对比度

1.执行：图像/调整/"亮度/对比度"

图 17-8　增加对比度步骤 1

二、增加对比度

2.增加对比度以提高立体感

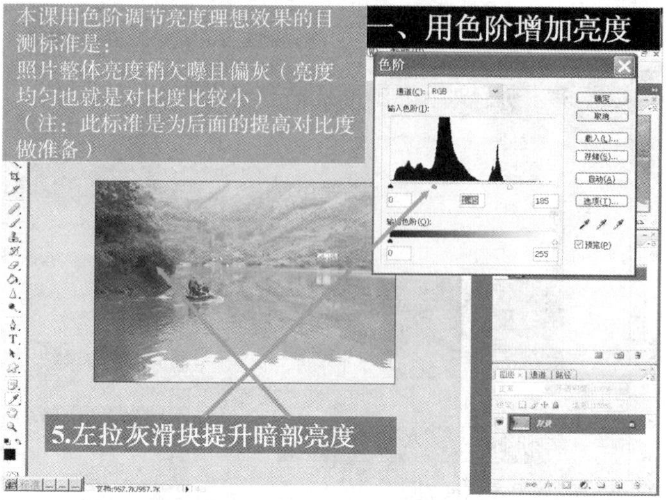

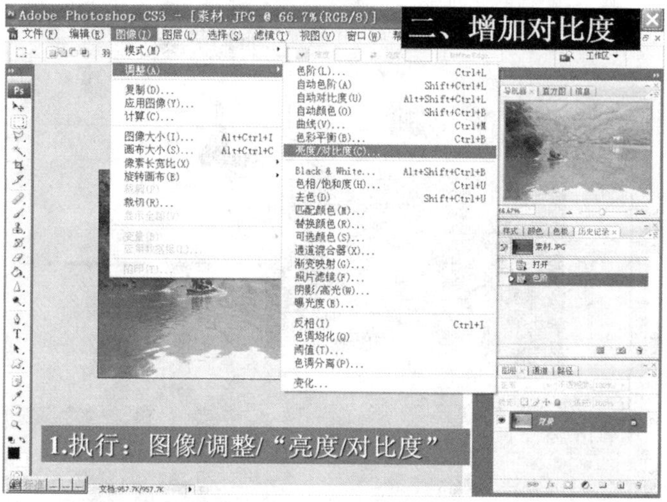

图 17-9　增加对比度步骤 2

Adobe Photoshop CS3
三、复制图层
复制图层备用（蒙版或对比效果等）

图 17-10　复制图层

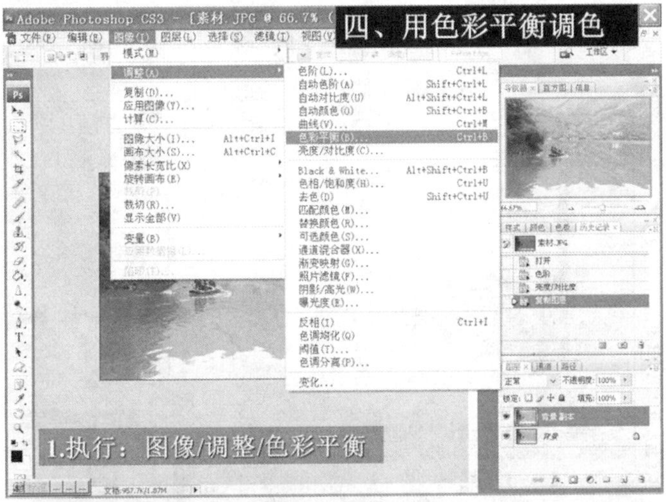
Adobe Photoshop CS3
四、用色彩平衡调色
1.执行：图像/调整/色彩平衡

图 17-11　用色彩平衡调色步骤 1

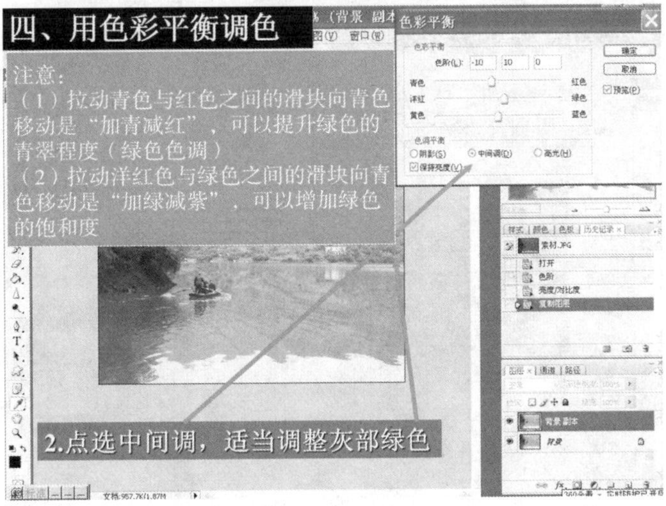
四、用色彩平衡调色
色彩平衡
注意：
（1）拉动青色与红色之间的滑块向青色移动是“加青减红”，可以提升绿色的青翠程度（绿色色调）
（2）拉动洋红色与绿色之间的滑块向青色移动是“加绿减紫”，可以增加绿色的饱和度
2.点选中间调，适当调整灰部绿色

图 17-12　用色彩平衡调色步骤 2

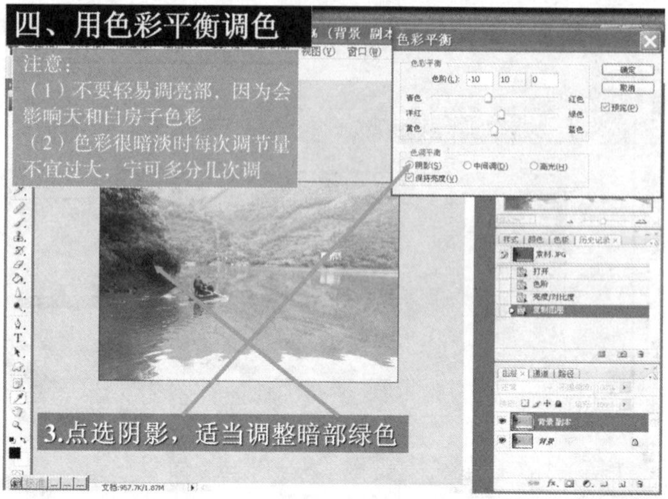
四、用色彩平衡调色
注意：
（1）不要轻易调亮部，因为会影响大和白房子色彩
（2）色彩很暗淡时每次调节量不宜过大，宁可多分几次调
色彩平衡
3.点选阴影，适当调整暗部绿色

图 17–13　用色彩平衡调色步骤 3

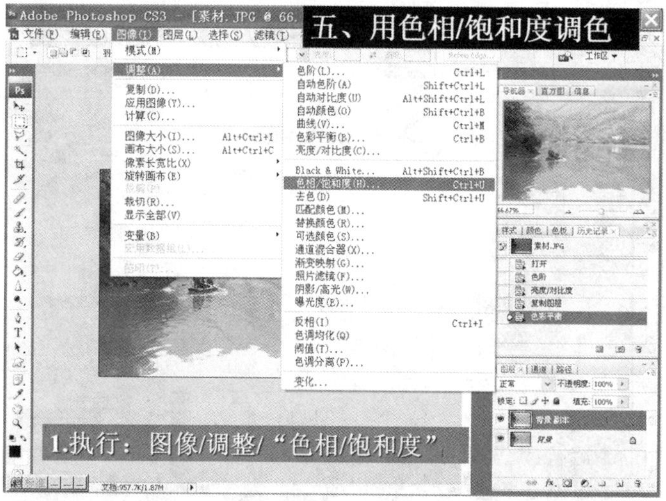
五、用色相/饱和度调色
1.执行：图像/调整/“色相/饱和度”

图 17–14　用色相 / 饱和度调色步骤 1

五、用色相/饱和度调色
色相/饱和度
2.选取在绿色上调整

图 17–15　用色相 / 饱和度调色步骤 2

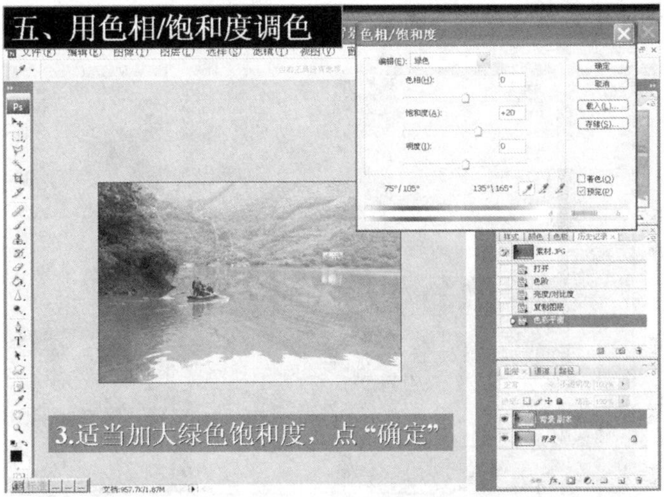
五、用色相/饱和度调色
色相/饱和度
3.适当加大绿色饱和度，点“确定”

图 17-16　用色相 / 饱和度调色步骤 3

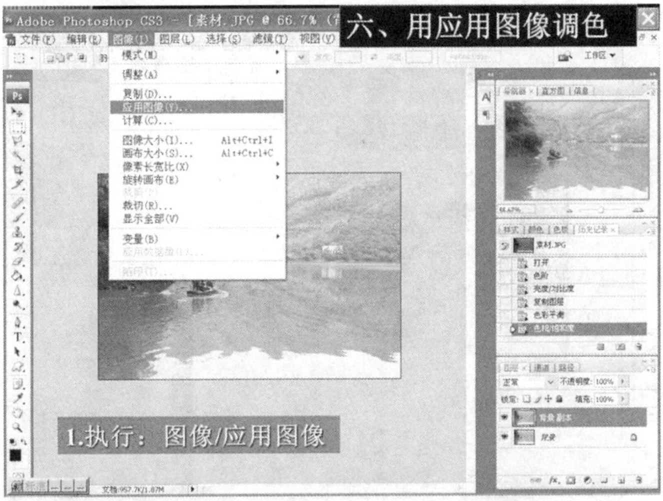
六、用应用图像调色
1.执行：图像/应用图像

图 17-17　用应用图像调色步骤 1

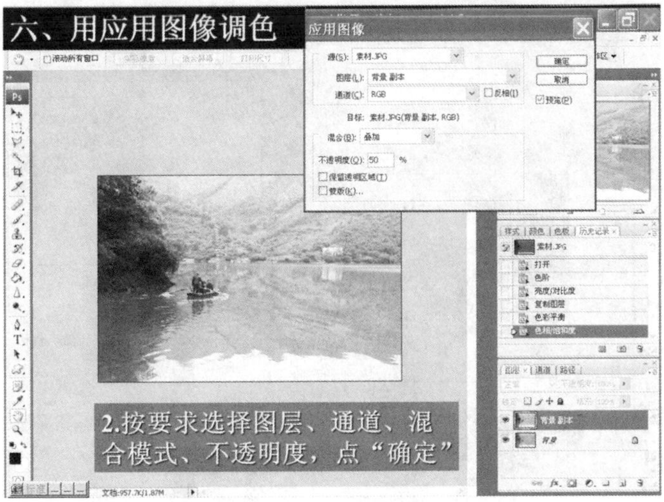
六、用应用图像调色
应用图像
2.按要求选择图层、通道、混合模式、不透明度，点“确定”

图 17-18　用应用图像调色步骤 2

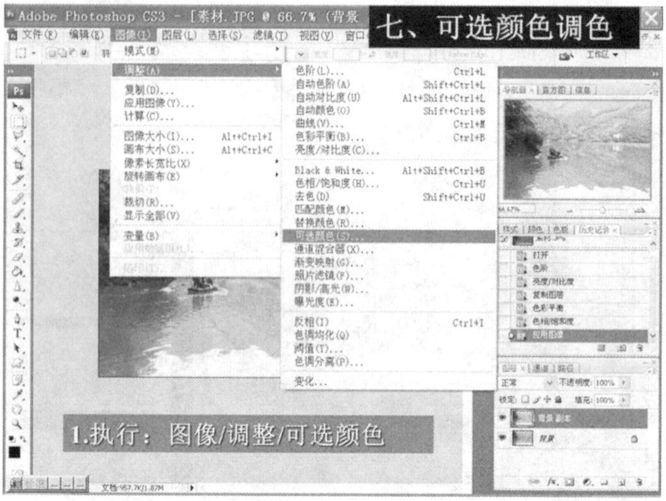
七、可选颜色调色
1.执行：图像/调整/可选颜色

图 17-19　可选颜色调色步骤 1

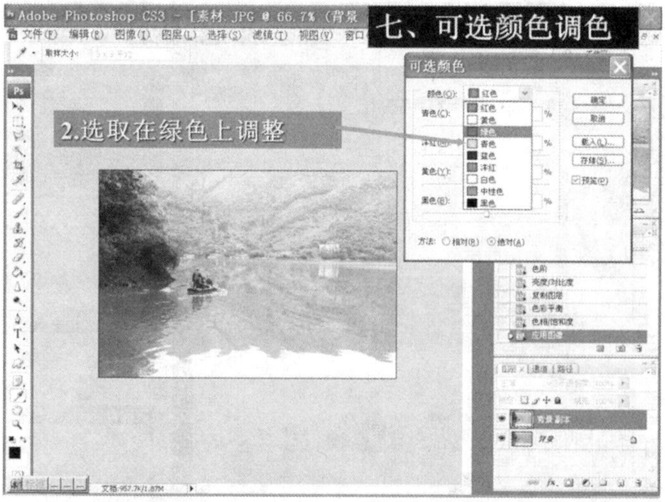
七、可选颜色调色
2.选取在绿色上调整

图 17-20　可选颜色调色步骤 2

七、可选颜色调色
3.调整时可以改善绿色效果为目的不断
尝试拉青色、洋红、黄色这三个滑块

图 17-21　可选颜色调色步骤 3

七、可选颜色调色
可选颜色
4.选取在白色上调整，左拉黑色滑块
以适当提升亮部亮度

图 17-22　可选颜色调色步骤 4

七、可选颜色调色
可选颜色
5.选取在黑色上调整，左拉黑色滑块
以适当提升暗部亮度
提示：
调色到此为止，常用调色方法还有Lab模式等。
如果要求不高，选本课例其中的1~2种方法也
可以解决问题。

图 17-23　可选颜色调色步骤 5

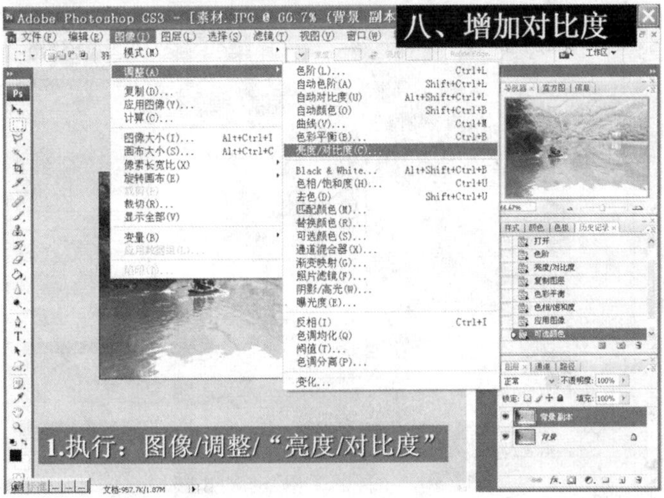
八、增加对比度
1.执行：图像/调整/“亮度/对比度”

图 17-24　增加对比度步骤 1

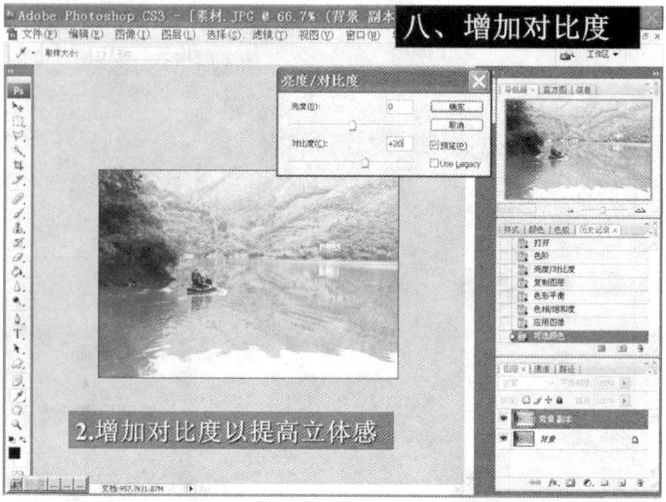
八、增加对比度
亮度/对比度
2.增加对比度以提高立体感

图 17-25　增加对比度步骤 2

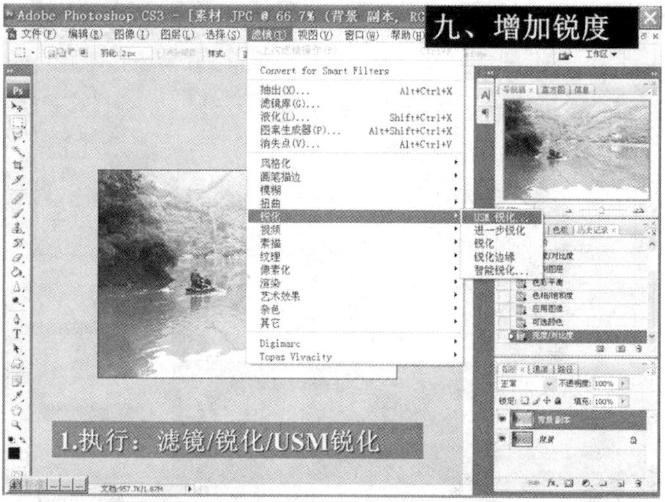
九、增加锐度
Convert for Smart Filters
锐化
USM 锐化...
进一步锐化
锐化
锐化边缘
智能锐化...
1.执行：滤镜/锐化/USM锐化

图 17-26　增加锐度步骤 1

九、增加锐度
调节数量滑块前要将主
体移动到预览窗口中间
以便于观察锐度变化
USM 锐化
2.适当增加锐度（切勿过大）

图 17-27　增加锐度步骤 2

十、观察效果
发现色度基本正常，但灰部亮度略大

图 17-28　观察效果

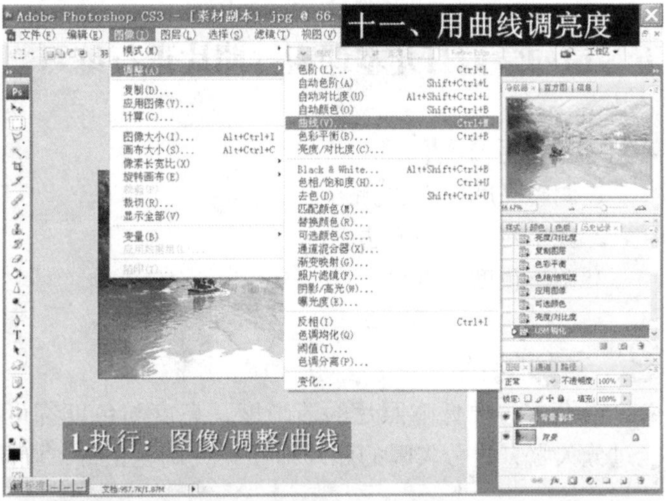
十一、用曲线调亮度
1.执行：图像/调整/曲线

图 17-29　用曲线调亮度步骤 1

十一、用曲线调亮度
2.适当下拉曲线以降低灰部亮度

图 17-30　用曲线调亮度步骤 2

Adobe Photoshop CS3 - [素材副本1.jpg @ 66.7%(RGB/8
十二、合并图层
合并图层，存储图像

图 17–31　合并图层

五、请同学们打开本课素材照片进行练习

六、提问与小结

1. 调整亮度的方法。
2. 调整对比度的方法。
3. 调整色度的方法。

七、老师的话

前期首先要保障照片的清晰度，亮度与色度都可以在后期补救。当然，照片也不能过分欠曝，过分欠曝的照片即使亮度调至正常，画质也会非常差。

八、思考与练习

1. 阴雨天照片主要存在哪些问题？
2. 调整色度有哪几种方法？为什么要用微量多次的方法来调整？

第 18 课　制作水墨画（1）

一、引言

将风景优美的山水照片制作成水墨画，可能更能显出其艺术神韵。本课的目的是让同学们学习应用干画笔命令简单、快速地制作水墨画。

二、素材与效果

图 18–1　制作水墨画（1）素材

图 18–2　制作水墨画（1）效果图

三、使用工具与命令

干画笔、亮度对比度、去色。

四、制作过程

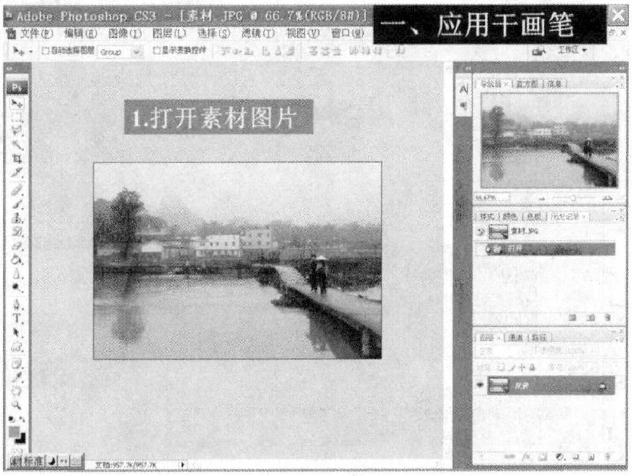
Adobe Photoshop CS3 - [素材.JPG @ 66.7%(RGB/8#)]
一、应用干画笔
1.打开素材图片

图 18–3　应用干画笔步骤 1

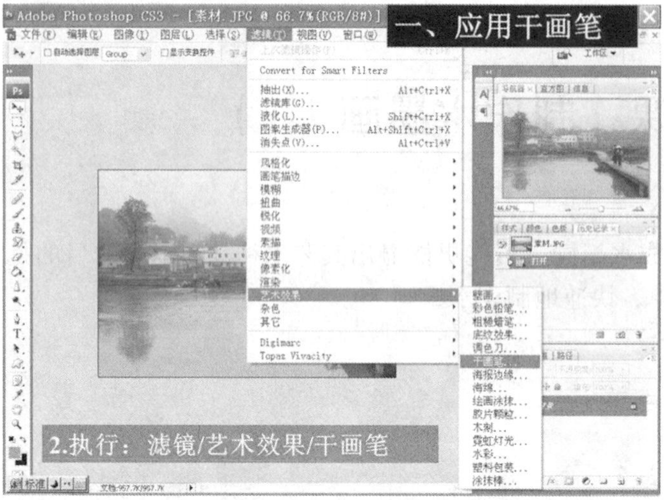
Adobe Photoshop CS3 - [素材.JPG @ 66.7%(RGB/8#)]
一、应用干画笔
2.执行：滤镜/艺术效果/干画笔

图 18-4　应用干画笔步骤 2

干画笔 (100%)
一、应用干画笔
3.设置参数，点“确定”

图 18-5　应用干画笔步骤 3

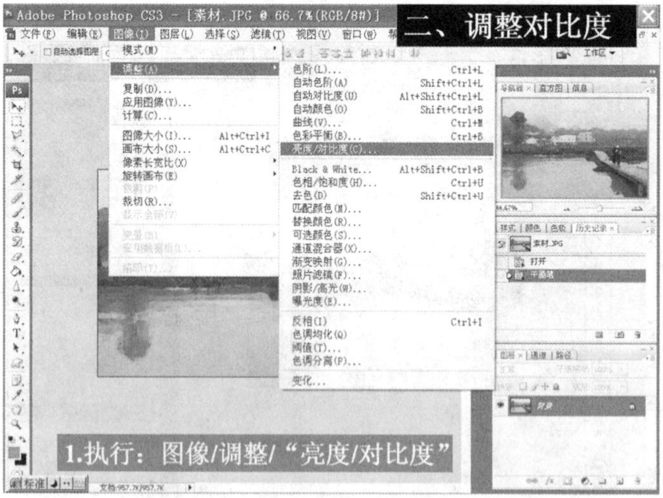
Adobe Photoshop CS3 - [素材.JPG @ 66.7%(RGB/8#)]
二、调整对比度
1.执行：图像/调整/“亮度/对比度”

图 18-6　调整对比度步骤 1

Adobe Photoshop CS3 - [素材.JPG @ 66.7%(RGB/8#)]
二、调整对比度
2.加大对比度
亮度/对比度

图 18-7　调整对比度步骤 2

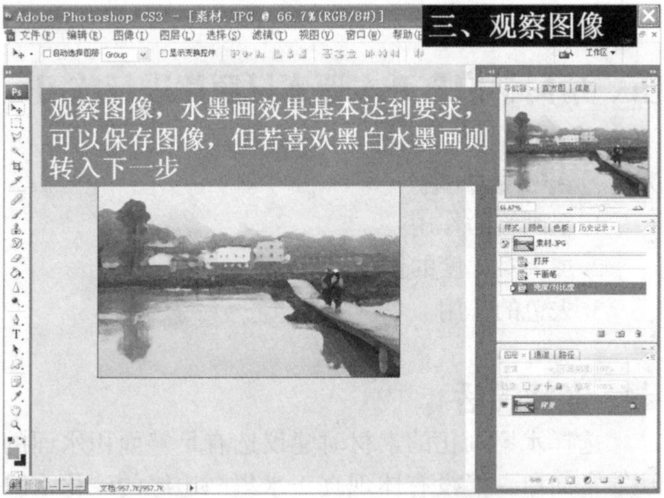
Adobe Photoshop CS3 - [素材.JPG @ 66.7%(RGB/8#)]
三、观察图像
观察图像，水墨画效果基本达到要求，可以保存图像，但若喜欢黑白水墨画则转入下一步

图 18-8　观察图像

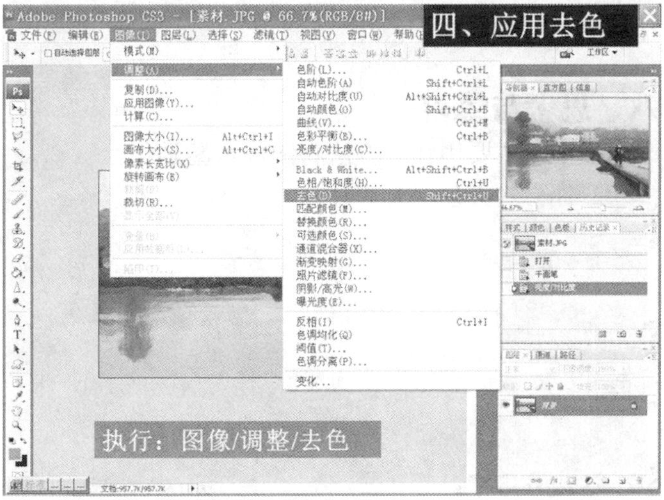
Adobe Photoshop CS3 - [素材.JPG @ 66.7%(RGB/8#)]
四、应用去色
执行：图像/调整/去色

图 18-9　应用去色

五、储存图像
建议另存图像

图 18–10 储存图像

五、请同学们打开本课素材照片进行练习

六、提问与小结

1. 干画笔的作用。
2. 加大对比度的作用。
3. 去色的作用。

七、老师的话

选择水墨画化的素材时建议选有足够面积水面的照片。本课将照片水墨画化的方法非常简单，但没有体现真正水墨画边缘的“化水”效果，下一课我们再学其他方法弥补这个缺陷。

八、思考与练习

1. 本课主要用什么方法将图像水墨画化？
2. 你喜欢去色吗？为什么？

第 19 课　制作水墨画（2）

一、引言

“慢工出细活”，上一节课快速将照片水墨画化难免显得粗糙。本课的目的是让同学们学习应用高斯模糊、混合模式、调色刀等多种方法更逼真地制作水墨画。

二、素材与效果

图 19-1　制作水墨画（2）素材

图 19-2　制作水墨画（2）效果图

三、使用工具与命令

高斯模糊、混合模式、调色刀、特殊模糊、可选颜色、亮度 / 对比度。

四、制作过程

一、应用高斯模糊
1.打开素材图片，复制图层

图 19-3　应用高斯模糊步骤 1

图 19-4　应用高斯模糊步骤 2

图 19-5　应用高斯模糊步骤 3

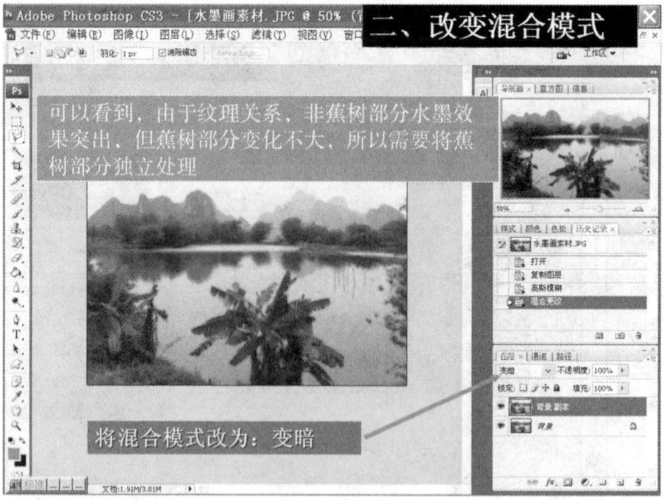

图 19-6　改变混合模式

三、处理局部图像
1.关闭背景图层“眼睛”，点选背景图层

图 19-7　处理局部图像步骤 1

三、处理局部图像
2.点选多边形套索工具，选出蕉树部分

图 19-8　处理局部图像步骤 2

三、处理局部图像
3.按Ctrl+C（复制选区），按Ctrl+V（粘贴选区），可见自动增加了图层1

图 19-9　处理局部图像步骤 3

四、改变图层顺序
将图层1移至副本图层上面

图 19-10 改变图层顺序

五、应用调色刀
1.执行：滤镜/艺术效果/调色刀

图 19-11 应用调色刀步骤 1

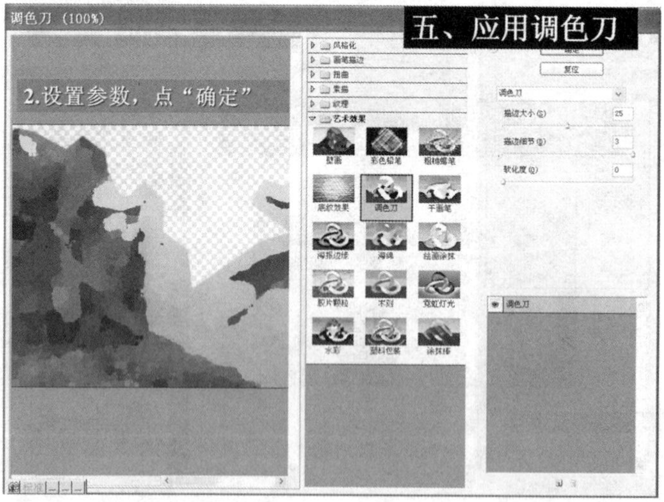
调色刀（100%）
五、应用调色刀
2.设置参数，点“确定”

图 19-12 应用调色刀步骤 2

六、应用特殊模糊
1.观察图像，可见蕉树水墨效果仍不足

图 19-13 应用特殊模糊步骤 1

六、应用特殊模糊
2.执行：滤镜/模糊/特殊模糊

图 19-14 应用特殊模糊步骤 2

六、应用特殊模糊
特殊模糊
3.设置参数，点“确定”

图 19-15 应用特殊模糊步骤 3

图 19–16　观察图像步骤 1

图 19–17　观察图像步骤 2

图 19–18　调整绿色步骤 1

图 19-19　调整绿色步骤 2

图 19-20　调整对比度步骤 1

图 19-21　调整对比度步骤 2

Adobe Photoshop CS3 - [素材.JPG @ 66.7%(RGB/8#)]
十、储存图像
建议另存图像

图 19–22　储存图像

五、请同学们打开本课素材照片进行练习

六、提问与小结

1. 高斯模糊。
2. 调色刀。
3. 局部调整。

七、老师的话

其实将照片水墨画化的方法还有很多，但最终目的都是使模糊恰到好处。有时候，运用本课例的类似方法将某些“废片”进行大幅度的再加工，往往起到“化腐朽为神奇”的效果。

八、思考与练习

1. 为什么蕉树部分要分开来进行模糊处理？
2. 可以将本课图像处理成黑白图像吗？

第 20 课　制作黄调人像

一、引言

黄调人像片唯美之中带着些许怀旧感。本课的目的是使同学们掌握使用曝光过度等命令制作黄调人像片的方法。

二、素材与效果

图 20-1　制作黄调人像素材

图 20-2　制作黄调人像效果图

三、使用工具与命令

使用曝光过度、通道、颜色加深。

四、制作过程

图 20-3　制作黄调人像步骤 1

Adobe Photoshop CS3 Extended - [素材.jpg @ 50%(RGB/8)]
1.打开素材图片

Adobe Photoshop CS3 Extended - [素材.jpg @ 50% (背景 副本, RGB/8)]
2.将背景图层拖曳到创建新图层按钮，生成背景副本图层

图 20-4　制作黄调人像步骤 2

Adobe Photoshop CS3 Extended - [素材.jpg @ 50% (背景 副本, RGB/8)]
3.选择通道

图 20-5　制作黄调人像步骤 3

Adobe Photoshop CS3 Extended - [素材.jpg @ 50% (背景 副本, 蓝/8)]
4.选择蓝通道

图 20-6　制作黄调人像步骤 4

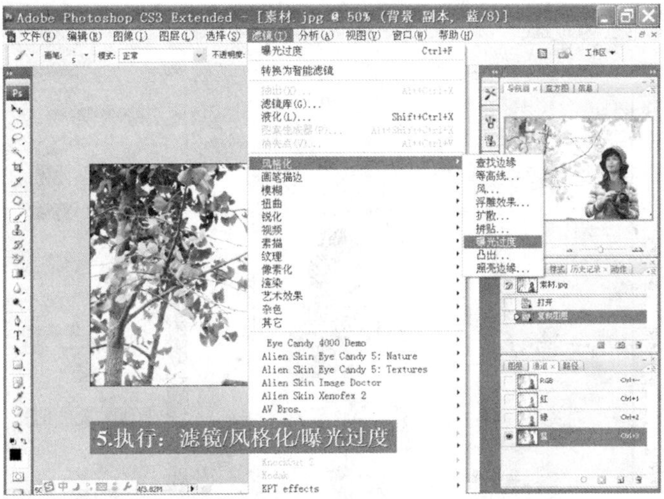

图 20-7　制作黄调人像步骤 5

图 20-8　制作黄调人像步骤 6

图 20-9　制作黄调人像步骤 7

Adobe Photoshop CS3 Extended - [素材.jpg @ 50% (背景 副本, RGB/8)]
8.将图层混合模式改为“颜色加深”

图 20-10　制作黄调人像步骤 8

Adobe Photoshop CS3 Extended - [素材.jpg @ 50% (背景 副本, RGB/8)]
9.将背景副本图层不透明度改为58%

图 20-11　制作黄调人像步骤 9

Adobe Photoshop CS3 Extended - [素材.jpg @ 50% (背景, RGB/8)]
10.选择背景图层

图 20-12　制作黄调人像步骤 10

11.点击创建新的填充或调整图层按钮，选择曲线命令

图 20-13　制作黄调人像步骤 11

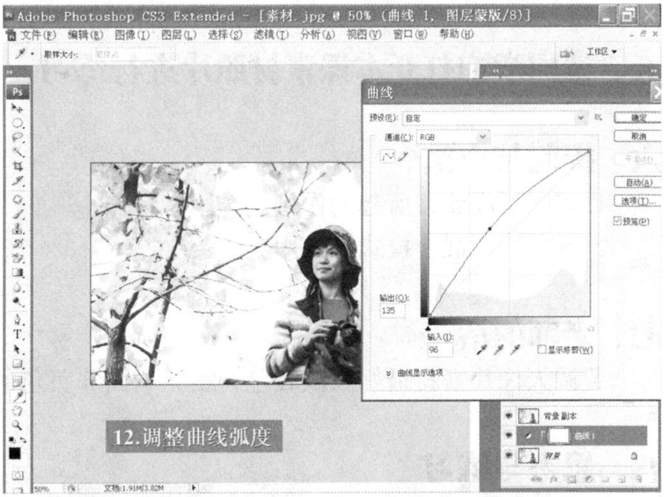
12.调整曲线弧度

图 20-14　制作黄调人像步骤 12

13.合并全部图层

图 20-15　制作黄调人像步骤 13

Adobe Photoshop CS3 Extended - [素材.jpg @ 50%(RGB/8)]
14.储存图像，完成本次修片工作

图 20–16　制作黄调人像步骤 14

五、请同学们打开本课素材照片进行练习

六、提问与小结

1. 曝光过度滤镜所起的作用。
2. 颜色加深混合模式的作用。

七、老师的话

黄调人像片素材最好以浅暖色为主，画面非黄色的色彩可以预先降低其饱和度。

八、思考与练习

1. 使素材照片变为黄调的主要命令有哪些？
2. 调整曲线起到什么作用？

第 21 课　变换衣服颜色与花样

一、引言

给照片中的人物的衣服或其他物体（如雨伞）换颜色，重新进行色彩搭配。本课的目的是让同学们初步掌握快速蒙版的应用方法。

二、素材与效果

图 21-1　变换衣服颜色与花样素材

图 21-2　变换衣服颜色与花样效果图

三、使用工具与命令

套索、快速蒙版、创建新的填充或调整图层。

四、制作过程

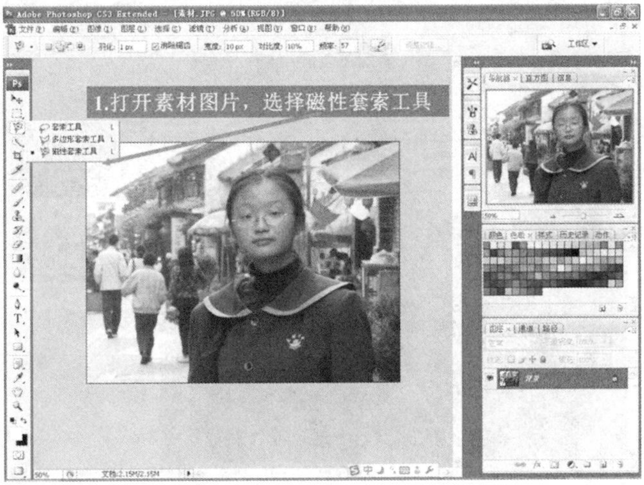

图 21-3　变换衣服颜色与花样步骤 1

2.用磁性工具建立初步的外衣选区，执行：选择/修改/羽化，羽化半径设为2，点“确定”

图 21–4　变换衣服颜色与花样步骤 2

3.单击快速蒙版按钮

图 21–5　变换衣服颜色与花样步骤 3

4.放大图像，选择画笔工具，将前景色设为白色，涂抹修整外衣边缘

图 21–6　变换衣服颜色与花样步骤 4

5.直至蒙版红色与外衣边缘交界正确分离

图 21–7　变换衣服颜色与花样步骤 5

6.单击快速蒙版按钮建立精确的外衣选区

图 21–8　变换衣服颜色与花样步骤 6

重要提示：
如果你只想把衣服换成另一种纯色，则可以在本步骤中选择纯色；或者将本步骤改用色相/饱和度调整图层来更换颜色。
7.点创建新的填充或调整图层按钮，选择渐变

图 21–9　变换衣服颜色与花样步骤 7

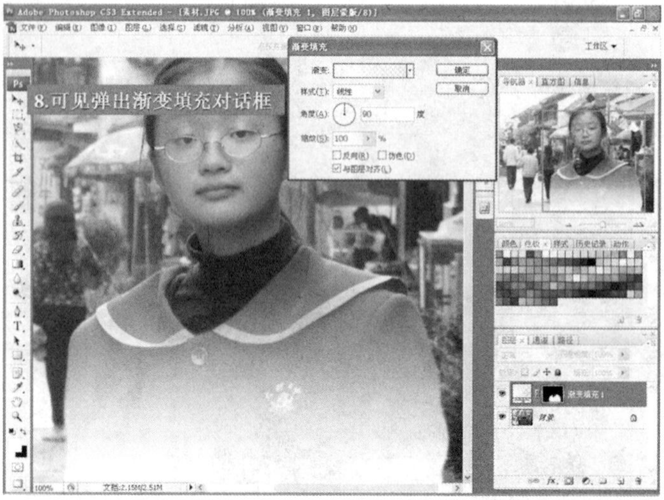
8.可见弹出渐变填充对话框

图 21-10　变换衣服颜色与花样步骤 8

9.点渐变样式按钮
双击橙色—黄色—橙色图样

图 21-11　变换衣服颜色与花样步骤 9

10.点“确定”

图 21-12　变换衣服颜色与花样步骤 10

11. 将渐变填充1图层混合模式改为“正片叠底”，
不透明度调为85%

图 21-13　变换衣服颜色与花样步骤 11

12.按着Ctrl单击渐变填充1图层蒙版重新加载
外衣选区

图 21-14　变换衣服颜色与花样步骤 12

13.点创建新的填充或调整图层按钮，选择图案

图 21-15　变换衣服颜色与花样步骤 13

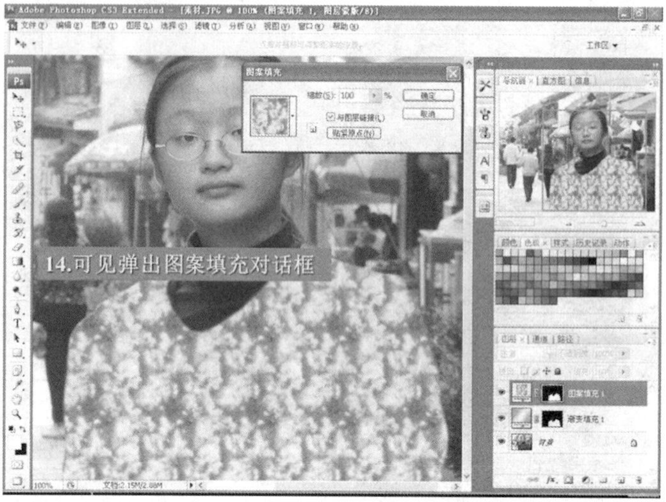
14.可见弹出图案填充对话框

图 21–16　变换衣服颜色与花样步骤 14

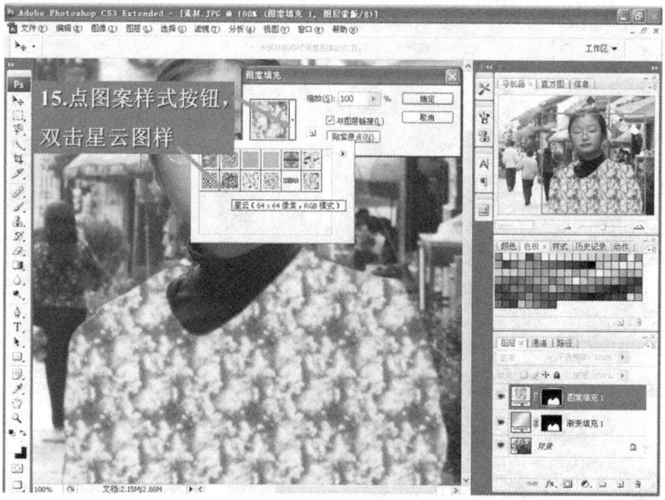
15.点图案样式按钮，
双击星云图样

图 21–17　变换衣服颜色与花样步骤 15

16.缩放值设为
280，点“确定”

图 21–18　变换衣服颜色与花样步骤 16

17.将图案填充1图层混合模式改为“颜色减淡”，不透明度调为60%

图 21-19　变换衣服颜色与花样步骤 17

18.选择画笔工具，将前景色设为白色
19.涂抹去除书包带、衣领、钮扣、校徽、校名上的颜色

图 21-20　变换衣服颜色与花样步骤 18、19

20.选择渐变填充1图层，关闭图案填充1图层
21.涂抹去除书包带、衣领、纽扣、校徽、校名上的颜色

图 21-21　变换衣服颜色与花样步骤 20、21

Adobe Photoshop CS3 Extended
22.打开图案填充1图层，点右键选“合并可见图层”

图 21-22 变换衣服颜色与花样步骤 22

Adobe Photoshop CS3 Extended
23.另存图像

图 21-23 另存图像

五、请同学们打开本课素材照片进行练习

六、提问与小结

1. 建立快速蒙版的方法。
2. 填充图案的方法。

七、老师的话

单纯变换衣服颜色也可以用“色相 / 饱和度”命令处理，添加蒙版是为了达到逼真的效果。

八、思考与练习

1. 不建立选区就在照片上直接添加快速蒙版可以吗？为什么？
2. 本课例中从快速蒙版重新转为选区的目的是什么？

第 22 课　让冷色调照片染上暖色调

一、引言

将一张艳丽的照片的暖色调转移到另一张相对冷色调的照片上，使冷色调照片适当变暖，Photoshop 有这样便捷有效的功能。本课的目的是使同学们掌握使用匹配颜色命令改变阴天或晴天阴影下的照片色调的方法。

二、素材与效果

图 22–1　让冷色调照片染上暖色调素材 1

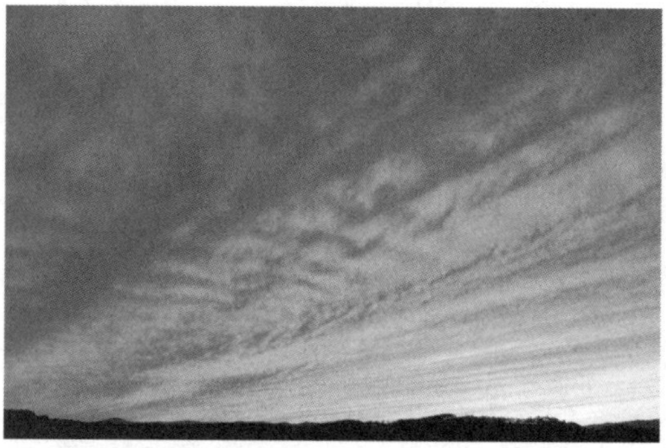
图 22–2　让冷色调照片染上暖色调素材 2

图 22–3　让冷色调照片染上暖色调效果图

三、使用工具与命令

匹配颜色。

四、制作过程

1.打开素材1图片

图 22-4　让冷色调照片染上暖色调步骤 1

2.执行：文件/打开

图 22-5　让冷色调照片染上暖色调步骤 2

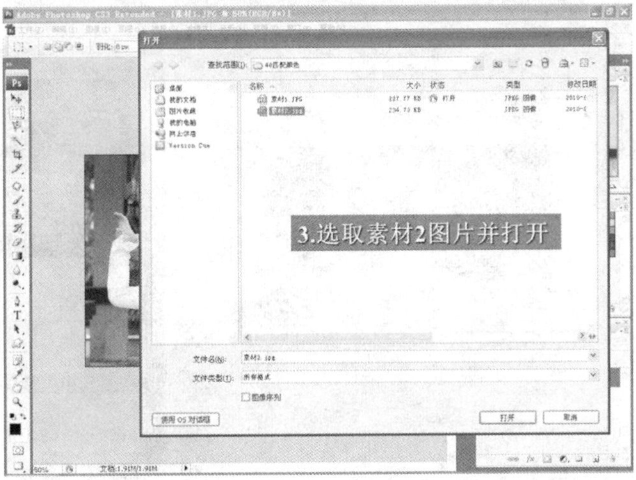
3.选取素材2图片并打开

图 22-6　让冷色调照片染上暖色调步骤 3

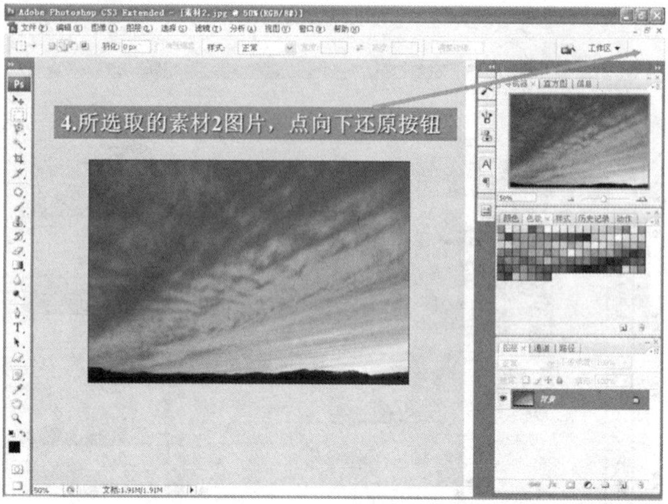
4.所选取的素材2图片，点向下还原按钮

图 22-7　让冷色调照片染上暖色调步骤 4

5.点选素材1图片并点击其最大化按钮

图 22-8　让冷色调照片染上暖色调步骤 5

6.准备继续处理素材1图片

图 22-9　让冷色调照片染上暖色调步骤 6

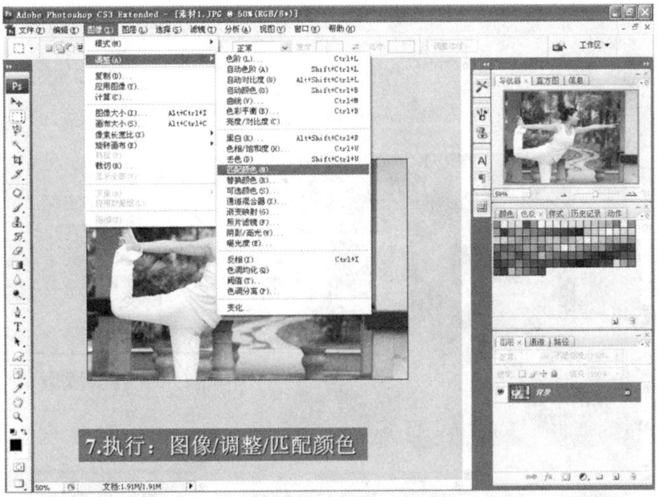
7.执行：图像/调整/匹配颜色

图 22-10　让冷色调照片染上暖色调步骤 7

匹配颜色
8.此时由于未选择源图像，素材1图片未有任何变化

图 22-11　让冷色调照片染上暖色调步骤 8

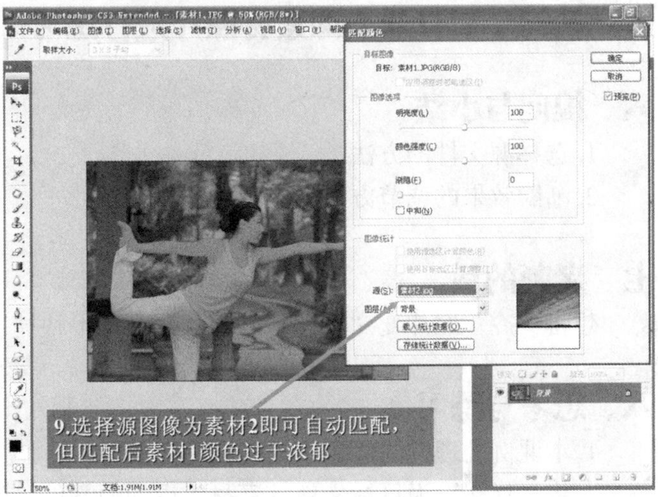
匹配颜色
9.选择源图像为素材2即可自动匹配，
但匹配后素材1颜色过于浓郁

图 22-12　让冷色调照片染上暖色调步骤 9

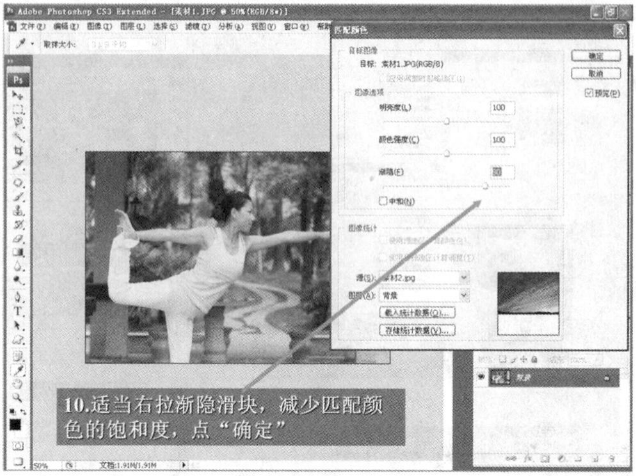
10.适当右拉渐隐滑块，减少匹配颜色的饱和度，点“确定”

图 22–13　让冷色调照片染上暖色调步骤 10

11.存储图像

图 22–14　让冷色调照片染上暖色调步骤 11

五、请同学们打开本课素材照片进行练习

六、提问与小结

1. 选择源文件的方法。

2. 渐隐效果的调节方法。

七、老师的话

想将“冷”照片变“暖”，匹配颜色命令最快捷。

八、思考与练习

1. 本课例处理方法适用于处理哪一类照片？

2. 将素材 2 设为目标文件，素材 1 设为源文件，效果又会是怎样？

第 23 课　快速调出咖啡色人像片

一、引言

咖啡色色调人像有一种庄重的感觉，常用于古建筑人像的调色。本课的目的是让同学们快速掌握将人像片调出咖啡色色调的方法。

二、素材与效果

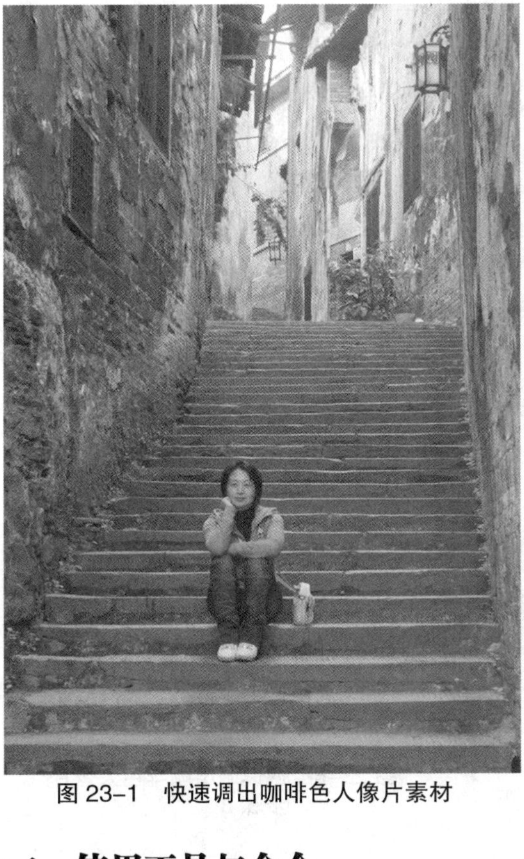

图 23–1　快速调出咖啡色人像片素材

图 23–2　快速调出咖啡色人像片效果图

三、使用工具与命令

曲线、色相 / 饱和度、可选颜色。

四、制作过程

1. 打开素材文件

图 23-3　快速调出咖啡色人像片步骤 1

2. 点击创建新的填充或调整图层按钮，选择曲线命令

图 23-4　快速调出咖啡色人像片步骤 2

3. 将曲线向上推（以人物亮度合适为标准），点"确定"

图 23-5　快速调出咖啡色人像片步骤 3

4. 选择画笔工具，将前景色变为白色

图 23-6　快速调出咖啡色人像片步骤 4

5. 按Ctrl+T键，将白蒙版转为黑蒙版

图 23-7　快速调出咖啡色人像片步骤 5

6. 选择合适大小的柔角画笔，涂抹人物部分

图 23-8　快速调出咖啡色人像片步骤 6

图 23-9 快速调出咖啡色人像片
步骤 7

图 23-10 快速调出咖啡色人像片
步骤 8

图 23-11 快速调出咖啡色人像片
步骤 9

10. 滤镜选择Sepia（褐色），浓度滑块调至100，点"确定"

图 23-12　快速调出咖啡色人像片步骤 10

11. 点击"创建新的填充或调整图层"按钮选择"可选颜色"命令

图 23-13　快速调出咖啡色人像片步骤 11

12. 红色各滑块调整为：0、+30、+30、0

图 23-14　快速调出咖啡色人像片步骤 12

图 23-15　快速调出咖啡色人像片
　　　　　步骤 13

13. 白色各滑块调整量为：0、+30、+30、+36

图 23-16　快速调出咖啡色人像片
　　　　　步骤 14

14. 中性色各滑块调整量为：+10、+30、+38、+2

图 23-17　快速调出咖啡色人像片
　　　　　步骤 15

15. 黑色各滑块调整量为：+60、0、0、+5，
点"确定"

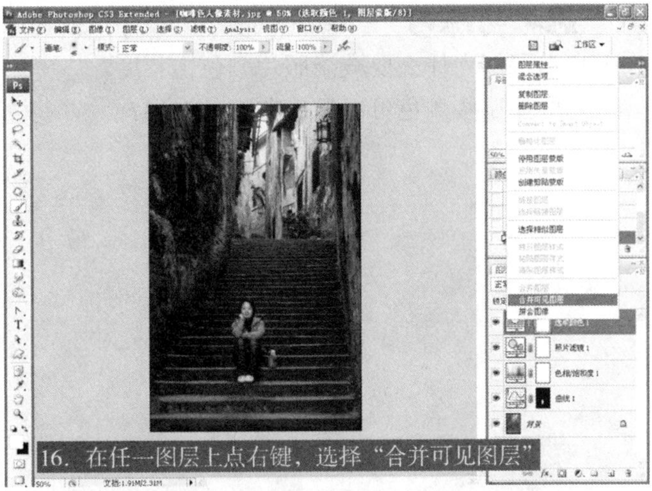
16. 在任一图层上点右键，选择“合并可见图层”

图 23–18　快速调出咖啡色人像片步骤 16

17. 存储图像，本次修片结束

图 23–19　快速调出咖啡色人像片步骤 17

五、请同学们打开本课素材照片进行练习

六、提问与小结

1. 本课例用哪个命令使照片初步带有咖啡色色调？
2. 本课例用哪个命令使照片明显带有咖啡色色调？

七、老师的话

有相当一部分的电影宣传广告都采用了咖啡色色调，原因就是咖啡色色调有厚重大气的感觉。

八、思考与练习

1. 本课例为什么要减淡照片颜色饱和度?
2. 增强哪些颜色可以显出咖啡色效果?

第 24 课　为发帖照片增加立体感

一、引言

给发到网上的照片增加点立体感，会给人与众不同的感觉。本课的目的是使同学们初步掌握调整画布大小和图层样式的方法。

二、素材与效果

图 24–1　增加照片立体感素材

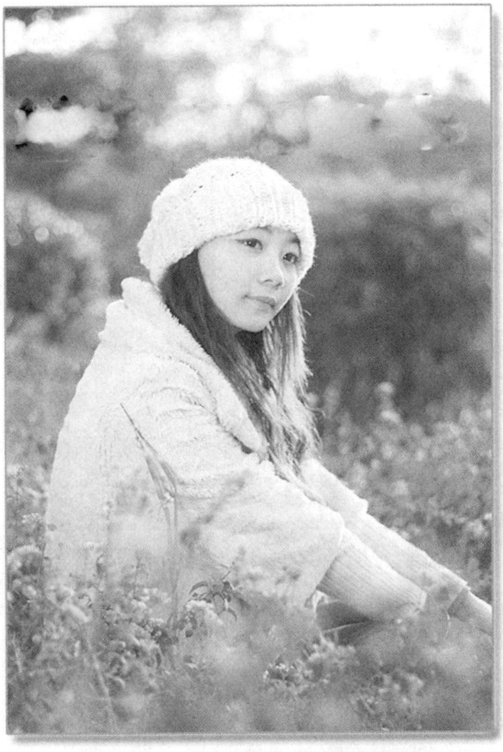

图 24–2　增加照片立体感效果图

三、使用工具与命令

画布大小、图层样式命令。

四、制作过程

Adobe Photoshop CS3 - [素材.jpg @ 66.7% (背景
一、调整画布大小
1.打开素材图片，复制图层

图 24–3　调整画布大小步骤 1

Adobe Photoshop CS3 - [素材.jpg @ 66.7% (背景
一、调整画布大小
2.执行：图像/画布大小

图 24–4　调整画布大小步骤 2

Adobe Photoshop CS3 - [素材.jpg @ 66.7% (背景
一、调整画布大小
3.将画布宽度与高度数值改为1
画布大小

图 24–5　调整画布大小步骤 3

图 24–6　调整图层样式

图 24–7　调整图层样式——描边步骤 1

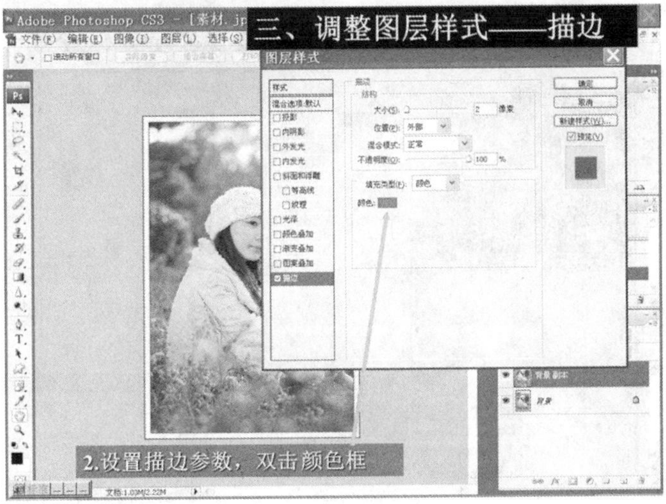

图 24–8　调整图层样式——描边步骤 2

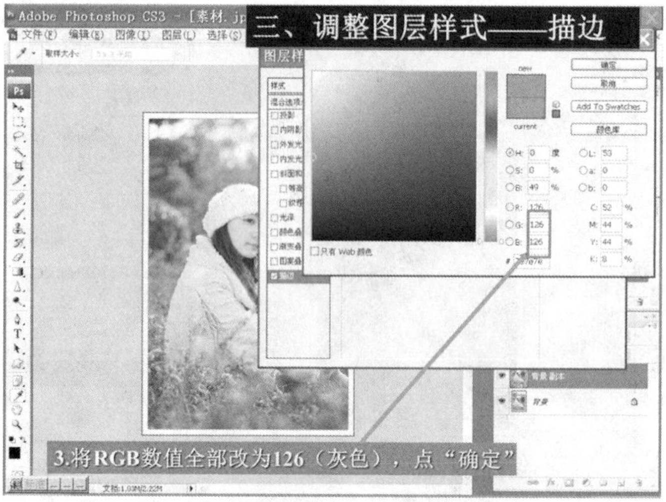
三、调整图层样式——描边
3.将RGB数值全部改为126（灰色），点“确定”

图 24-9　调整图层样式——描边步骤 3

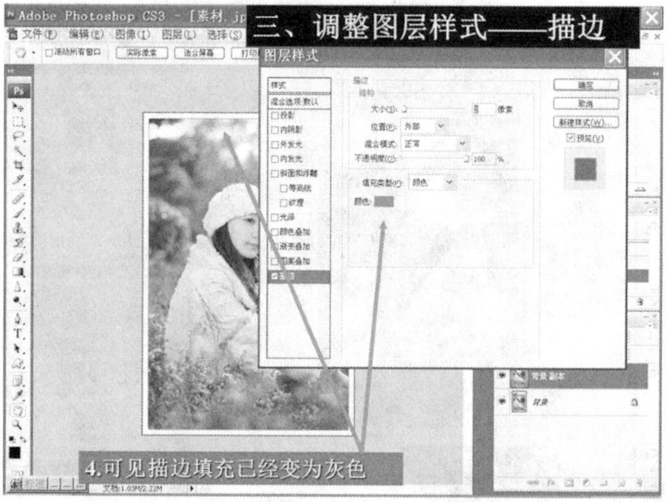
三、调整图层样式——描边
4.可见描边填充已经变为灰色

图 24-10　调整图层样式——描边步骤 4

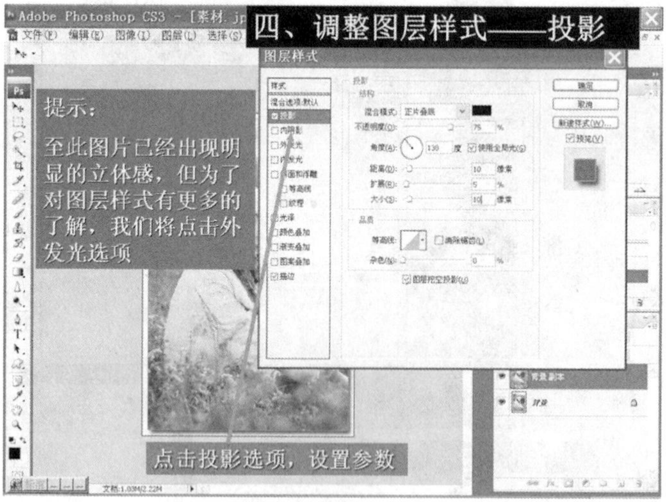
四、调整图层样式——投影
提示：
至此图片已经出现明显的立体感，但为了对图层样式有更多的了解，我们将点击外发光选项
点击投影选项，设置参数

图 24-11　调整图层样式——投影

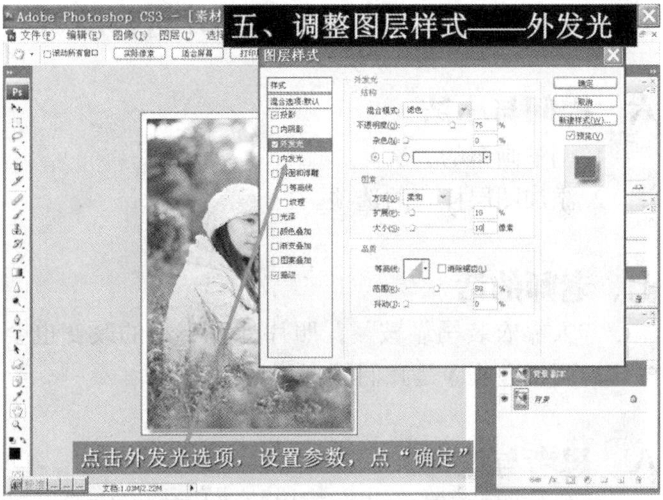
五、调整图层样式——外发光
点击外发光选项，设置参数，点“确定”

图 24-12　调整图层样式——外发光

六、观察效果
认真观察效果，看是否满意
提示：如对图层样式某项效果不满意，可双击此项重新 调整或取消

图 24-13　观察效果

七、合并图层
合并图像，建议另存

图 24-14　合并图层

五、请同学们打开本课素材照片进行练习

六、提问与小结

1. 调整画布的方法。
2. 添加图层样式的选项。

七、老师的话

“人靠衣装马靠鞍”，照片外观小小的改变也会给人新的感觉。当然，掌握图层样式的调整方法才是我们的真正目的。

八、思考与练习

1. 如何调整画布大小？可以只增加某一边吗？
2. 如何重新调整图层样式的效果？

第 25 课　飘雪效果制作

一、引言

Photoshop 几乎可以制造出超过常人想象的一切效果。本课的目的是使同学们掌握建立新图层、添加和改造杂色的方法，从而得到较为逼真的飘雪效果。

二、素材与效果

图 25–1　飘雪效果制作素材

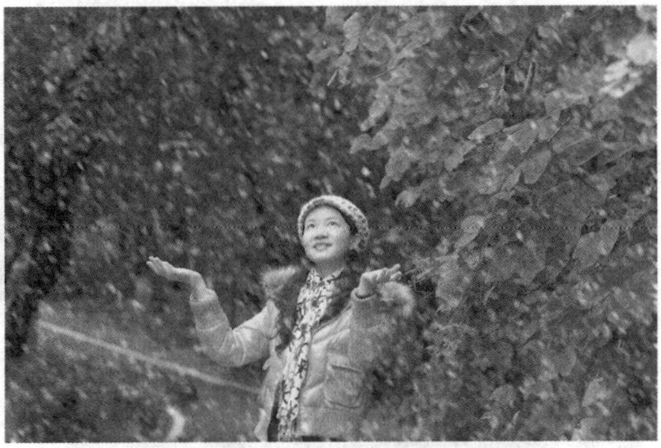

图 25–2　飘雪效果制作效果图

三、使用工具与命令

建立黑色图层、添加杂色、进一步模糊、色阶、动感模糊、晶格化、混合模式等命令。

四、制作过程

图 25–3　飘雪效果制作步骤 1

Adobe Photoshop CS3 Extended - [素材.jpg @ 66.7% (图层 1, RGB/8)]
2.点创建新图层按钮，建立空白图层

图 25-4　飘雪效果制作步骤 2

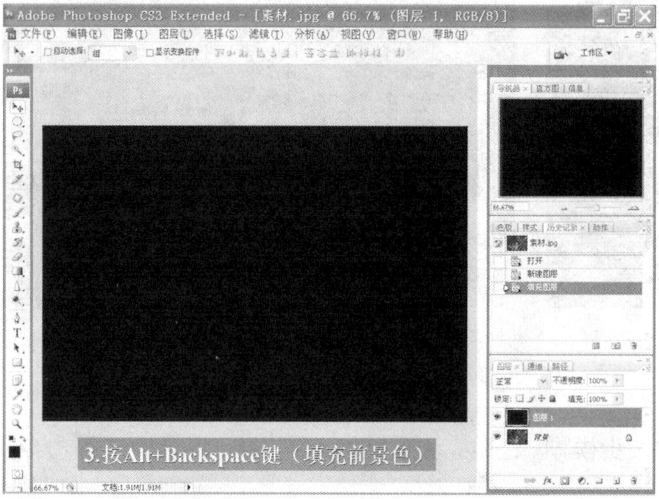
Adobe Photoshop CS3 Extended - [素材.jpg @ 66.7% (图层 1, RGB/8)]
3.按Alt+Backspace键（填充前景色）

图 25-5　飘雪效果制作步骤 3

Adobe Photoshop CS3 Extended - [素材.jpg @ 66.7% (图层 1, RGB/8)]
4.执行：滤镜/杂色/添加杂色

图 25-6　飘雪效果制作步骤 4

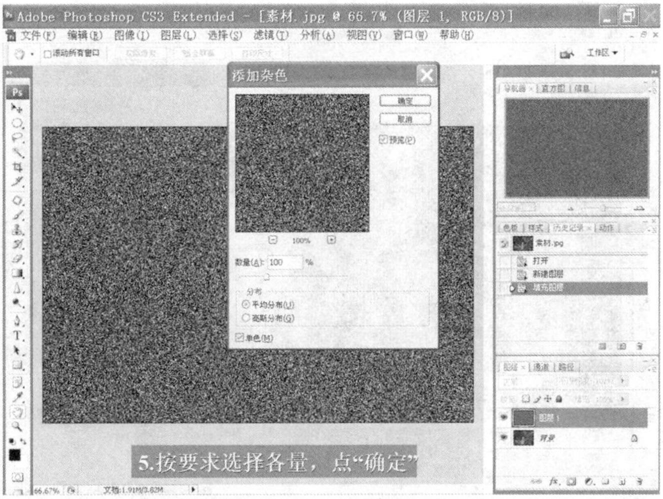
5.按要求选择各量，点“确定”

图 25-7　飘雪效果制作步骤 5

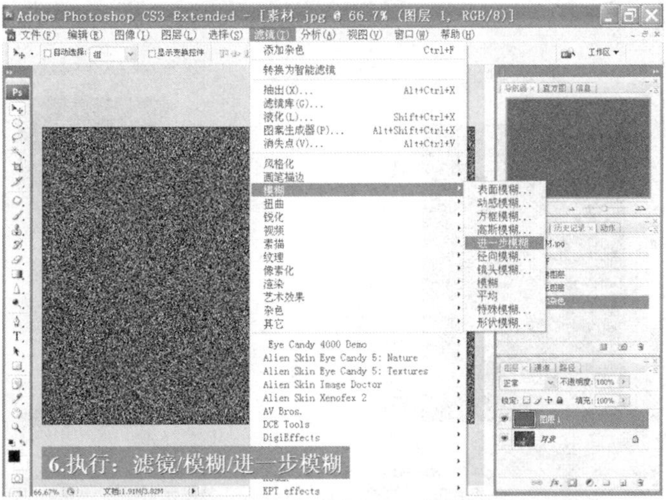
6.执行：滤镜/模糊/进一步模糊

图 25-8　飘雪效果制作步骤 6

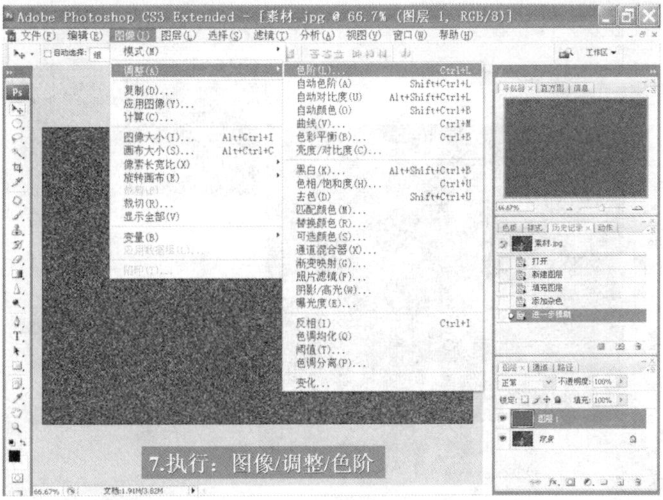
7.执行：图像/调整/色阶

图 25-9　飘雪效果制作步骤 7

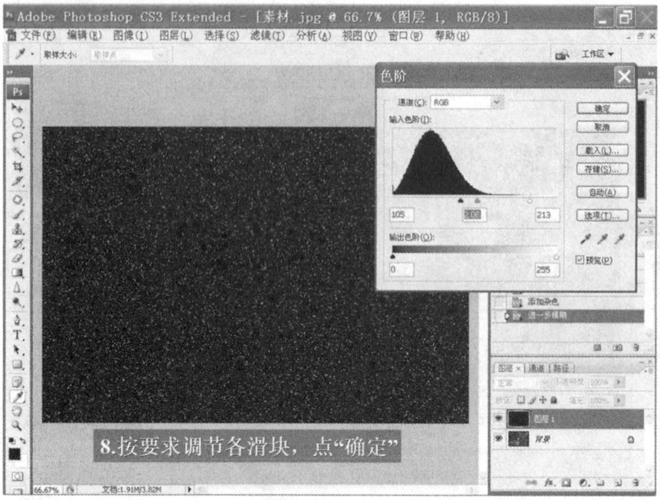
Adobe Photoshop CS3 Extended - [素材.jpg @ 66.7% (图层 1, RGB/8)]
色阶
8.按要求调节各滑块，点“确定”

图 25-10　飘雪效果制作步骤 8

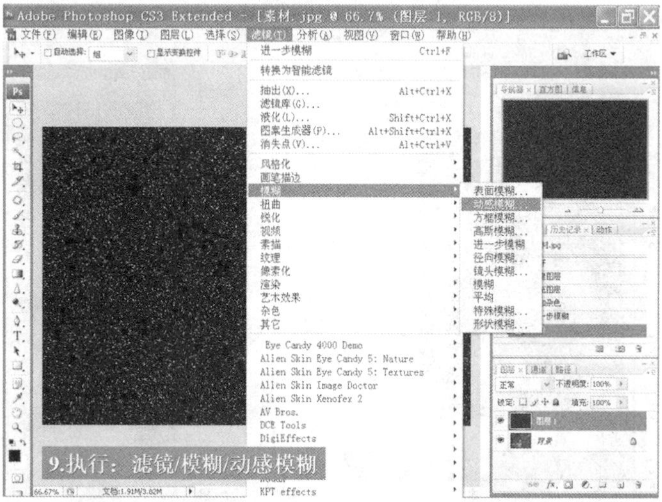
Adobe Photoshop CS3 Extended - [素材.jpg @ 66.7% (图层 1, RGB/8)]
9.执行：滤镜/模糊/动感模糊

图 25-11　飘雪效果制作步骤 9

Adobe Photoshop CS3 Extended - [素材.jpg @ 66.7% (图层 1, RGB/8)]
动感模糊
10.按要求选择各量，点“确定”

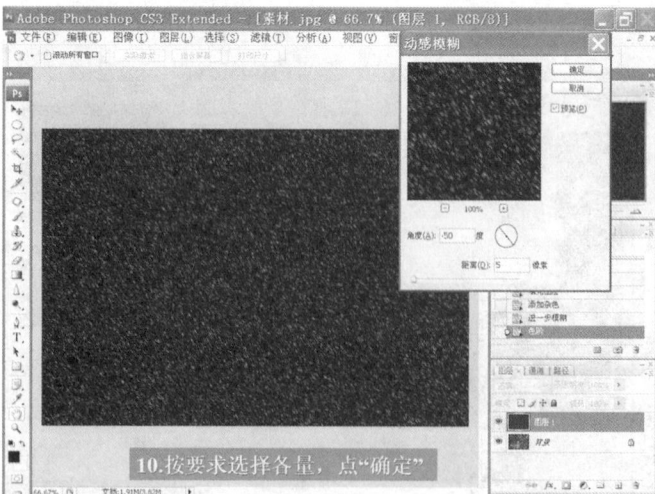

图 25-12　飘雪效果制作步骤 10

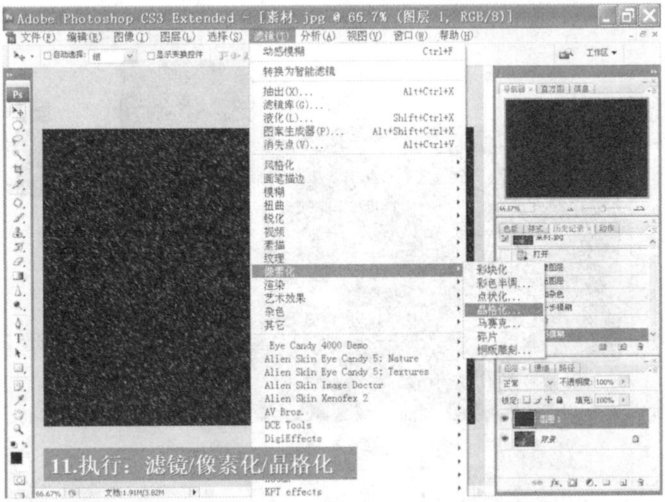
Adobe Photoshop CS3 Extended - [素材.jpg @ 66.7% (图层 1, RGB/8)]
11.执行：滤镜/像素化/晶格化

图 25-13　飘雪效果制作步骤 11

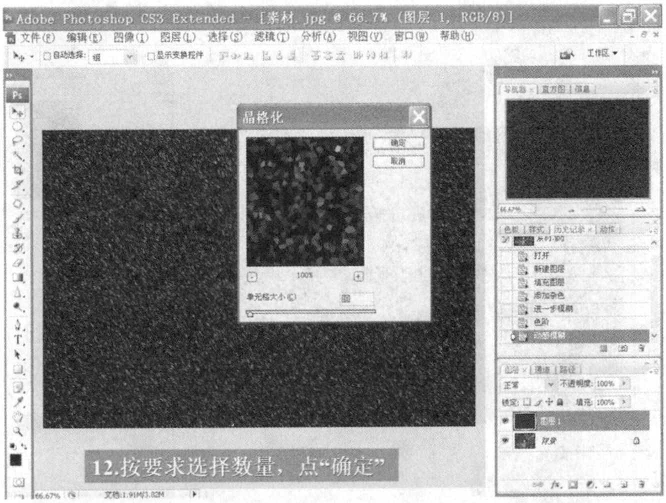
Adobe Photoshop CS3 Extended - [素材.jpg @ 66.7% (图层 1, RGB/8)]
晶格化
12.按要求选择数量，点“确定”

图 25-14　飘雪效果制作步骤 12

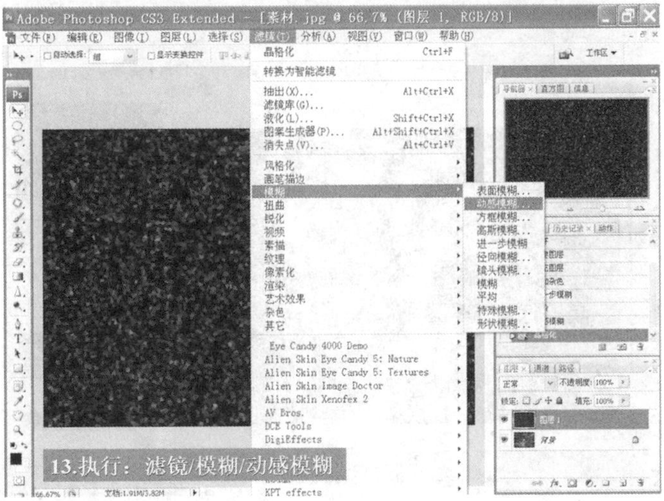
Adobe Photoshop CS3 Extended - [素材.jpg @ 66.7% (图层 1, RGB/8)]
13.执行：滤镜/模糊/动感模糊

图 25-15　飘雪效果制作步骤 13

14.按要求选择各量，点“确定”

图 25–16　飘雪效果制作步骤 14

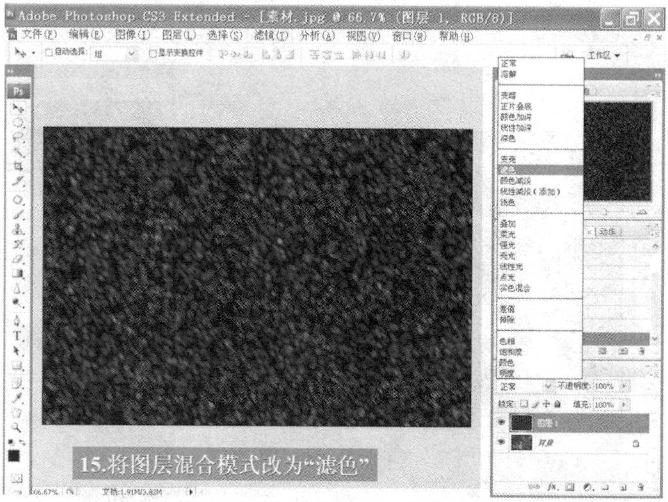
15.将图层混合模式改为“滤色”

图 25–17　飘雪效果制作步骤 15

16.飘雪效果已经出现，若觉得不明显则继续处理

图 25–18　飘雪效果制作步骤 16

Adobe Photoshop CS3 Extended - [素材.jpg @ 66.7% (图层 1 副本, RGB/8)]
17.复制图层1，建立图层1副本，加强飘雪效果

图 25-19　飘雪效果制作步骤 17

Adobe Photoshop CS3 Extended - [素材.jpg @ 66.7% (图层 1 副本, RGB/8)]
18.在图层1副本图层上点右键选择“向下合并”

图 25-20　飘雪效果制作步骤 18

Adobe Photoshop CS3 Extended - [素材.jpg @ 66.7% (图层 1, 图层蒙版/8)]
19.点添加图层蒙版按钮在图层1上添加蒙版，选择画笔工具

图 25-21　飘雪效果制作步骤 19

图 25-22　飘雪效果制作步骤 20

图 25-23　飘雪效果制作步骤 21

图 25-24　飘雪效果制作步骤 22

五、请同学们打开本课素材照片进行练习

六、提问与小结

1. 建立黑色图层的方法。
2. 添加杂色的方法。
3. 将有杂色的黑色图层转化为“飘雪”的方法。

七、老师的话

“飘雪”效果制作方法稍加变通就可以产生“下雨”效果。

八、思考与练习

1. 执行晶格化命令有什么作用?
2. 如何理解滤色混合模式?

第 26 课　增加动感效果

一、引言

动感模糊是 Photoshop 中的一个效果独特的滤镜。本课的目的是学会增强照片中运动物体的横向动感效果的方法。

二、素材与效果

图 26–1　增加动感素材

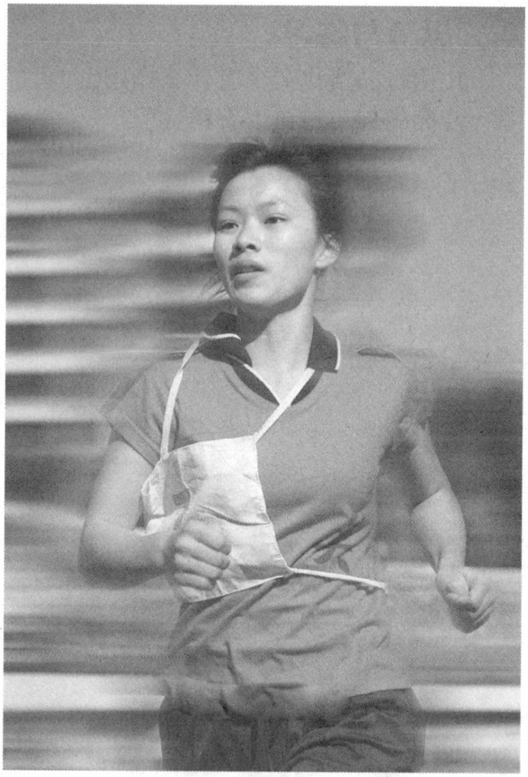

图 26–2　增加动感效果图

三、使用工具与命令

动感模糊滤镜、蒙版。

四、制作过程

1.打开素材图片，复制背景图层

图 26-3　增加动感步骤 1

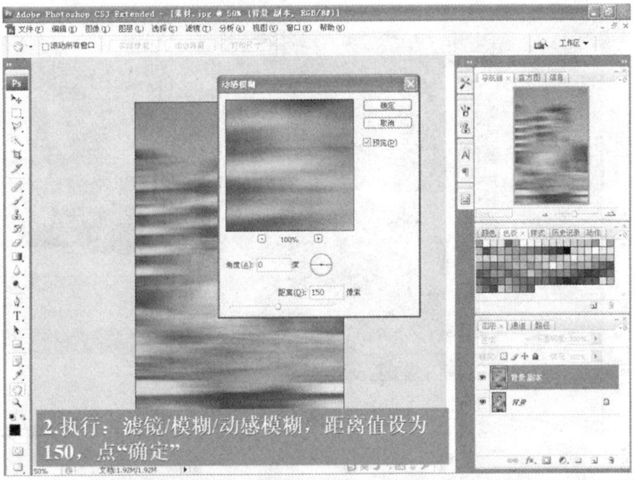
2.执行：滤镜/模糊/动感模糊，距离值设为
150，点“确定”

图 26-4　增加动感步骤 2

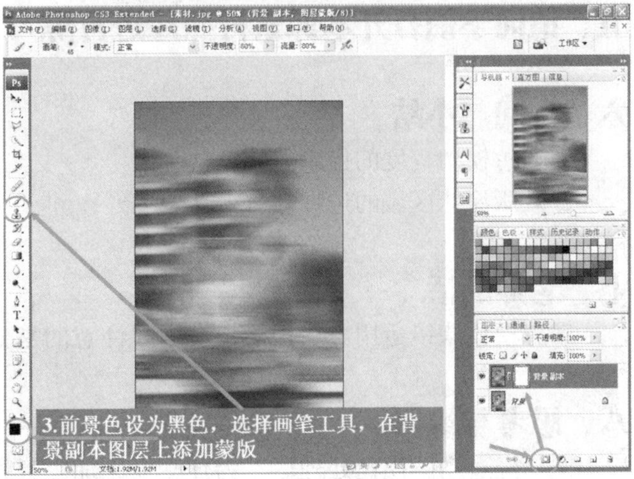
3.前景色设为黑色，选择画笔工具，在背
景副本图层上添加蒙版

图 26-5　增加动感步骤 3

4.用画笔涂抹人体中间部分

图 26–6　增加动感步骤 4

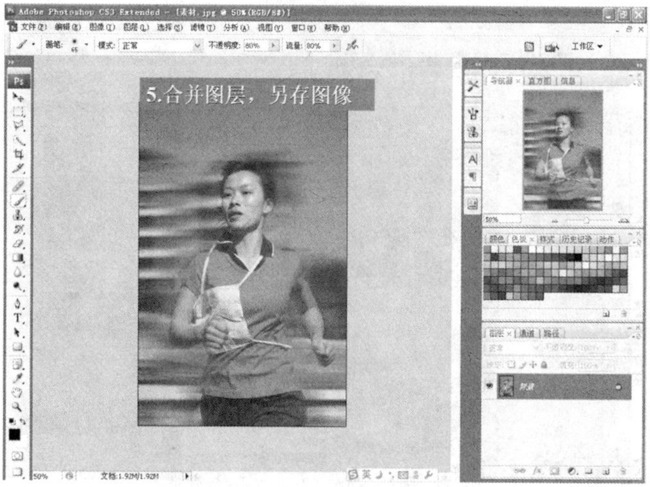
5.合并图层，另存图像

图 26–7　增加动感步骤 5

五、请同学们打开本课素材照片进行练习

六、提问与小结

1. 动感模糊程度的控制。
2. 蒙版涂抹区域的选择。

七、老师的话

动感模糊滤镜运用方法很简单，需要注意的是要恰到好处。

八、思考与练习

照片经过动感模糊处理后，为什么要添加蒙版处理？

第 27 课　增加径向动感效果

一、引言

径向模糊是 Photoshop 中的另一个效果独特的滤镜。本课的目的是学会增强照片中运动物体的径向动感效果的方法。

二、素材与效果

图 27-1　增加径向动感素材

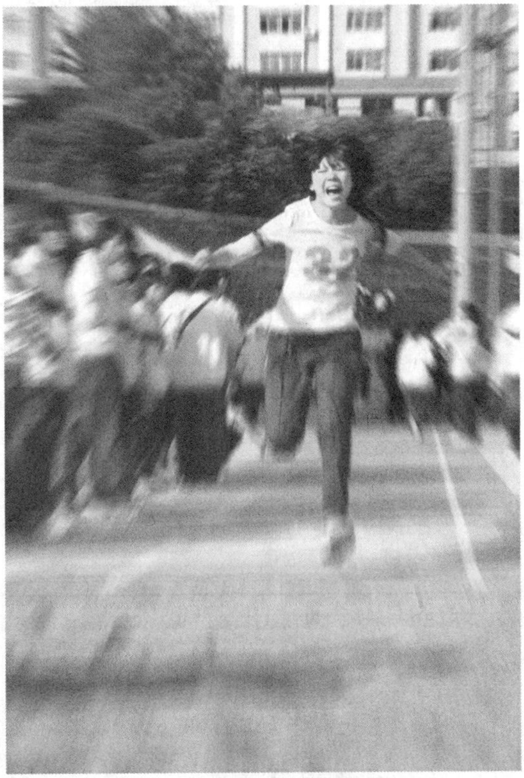

图 27-2　增加径向动感效果图

三、使用工具与命令

智能滤镜、径向模糊滤镜。

四、制作过程

1.打开素材图片，复制背景图层

图 27–3　增加径向动感步骤 1

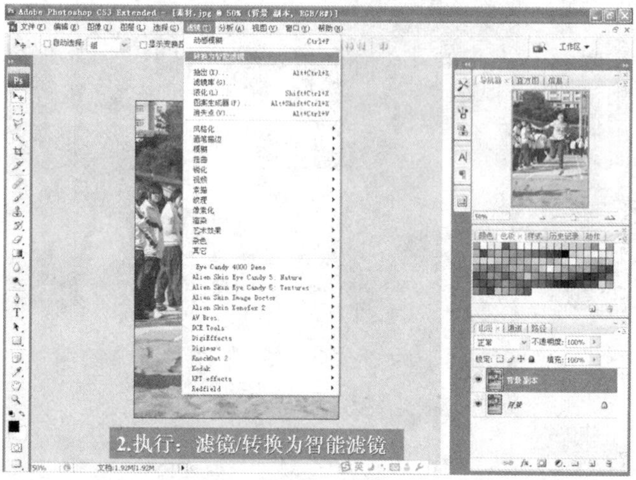
2.执行：滤镜/转换为智能滤镜

图 27–4　增加径向动感步骤 2

3.智能滤镜标志

图 27–5　增加径向动感步骤 3

图 27-6　增加径向动感步骤 4

4.执行：滤镜/模糊/径向模糊，数量值设为 28，点"确定"

图 27-7　增加径向动感步骤 5

5.可见初步效果，发现模糊中心点不在运动员脸上

图 27-8　增加径向动感步骤 6

6.双击径向模糊层，单击中心模糊选择区人面相应位置，减少数量值

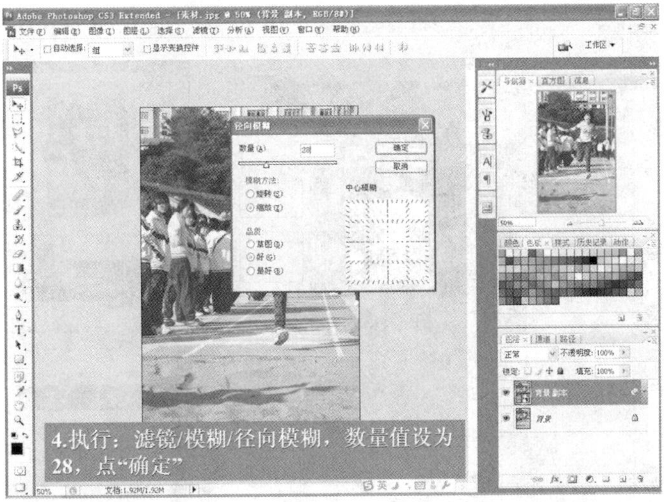

图 27–9　增加径向动感步骤 7

五、请同学们打开本课素材照片进行练习

六、提问与小结

1. 智能滤镜的优点。
2. 径向模糊中心点的选择方法。

七、老师的话

还是那句话——注意“恰到好处”。

八、思考与练习

智能滤镜有什么优点？

第 28 课　晚霞渲染

一、引言

晚霞的魅力在于其色调，但单靠直接摄影往往不足以反映其浪漫气氛。本课的目的是使同学们掌握通过强化照片某种色调从而渲染气氛的方法。

二、素材与效果

图 28–1　晚霞渲染素材

图 28–2　晚霞渲染素材效果图

三、使用工具与命令

创建新的填充或调整图层、混合模式、渐变工具、蒙版。

四、制作过程

图 28–3　晚霞渲染步骤 1、2

1.打开素材图片
2.点创建新的填充或调整图层按钮，选择纯色

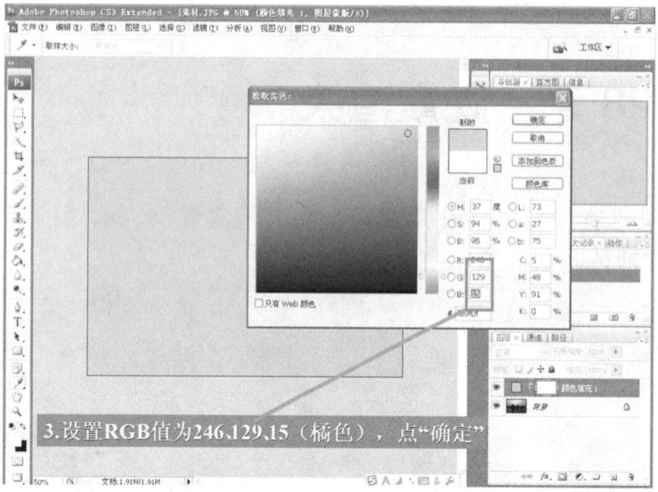
3.设置RGB值为246,129,15（橘色），点"确定"

图 28-4　晚霞渲染步骤 3

4. 将颜色填充1图层混合模式改为"叠加"，不透明度调为80%

图 28-5　晚霞渲染步骤 4

5.选取渐变工具，选线形渐变（从透明到不透明）
起点
终点
6.按鼠标左键在画面上向下拉一条线

图 28-6　晚霞渲染步骤 5、6

7.松开鼠标可见天空稍微透出原色调

图 28-7　晚霞渲染步骤 7

8.合并图层，另存图像

图 28-8　晚霞渲染步骤 8

五、请同学们打开本课素材照片进行练习

六、提问与小结

1. 建立新填充图层的方法。
2. 正确使用渐变工具与蒙版。

七、老师的话

不用创建新的填充或调整图层按钮建立新填充图层也可以，但想修改就非常麻烦了。

八、思考与练习

1. 如何建立新填充图层?
2. 改用增加颜色饱和度的方法可以达到本课效果吗?为什么?
3. 为什么要应用渐变蒙版?

第 29 课　多重曝光效果

一、引言

多重曝光效果别有一番风味，只有少数相机才具备此功能，而 Photoshop 能轻易做出这种效果。本课的目的是让同学们通过学习高斯模糊和选择混合模式，初步学会制作多重曝光效果的方法。

二、素材与效果

图 29–1　多重曝光素材

图 29–2　多重曝光效果图

三、使用工具与命令

高斯模糊、移动工具、混合模式、蒙版。

四、制作过程

图 29–3　多重曝光步骤 1

1.打开素材图片，复制图层

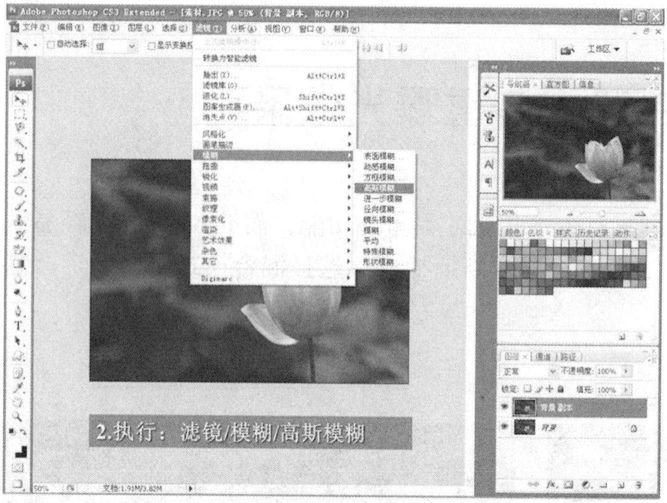
2.执行：滤镜/模糊/高斯模糊

图 29-4　多重曝光步骤 2

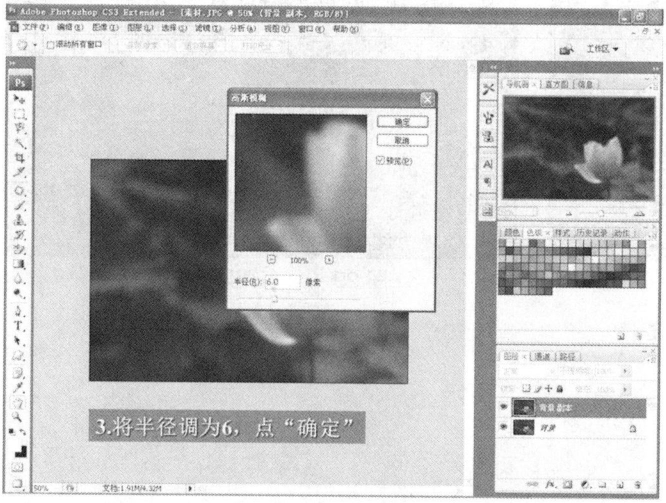
3.将半径调为6，点“确定”

图 29-5　多重曝光步骤 3

4.将背景副本不透明度调为60%

图 29-6　多重曝光步骤 4

5.选择移动工具，移动背景副本图层

图 29–7　多重曝光步骤 5

6.将混合模式调为“变亮”

图 29–8　多重曝光步骤 6

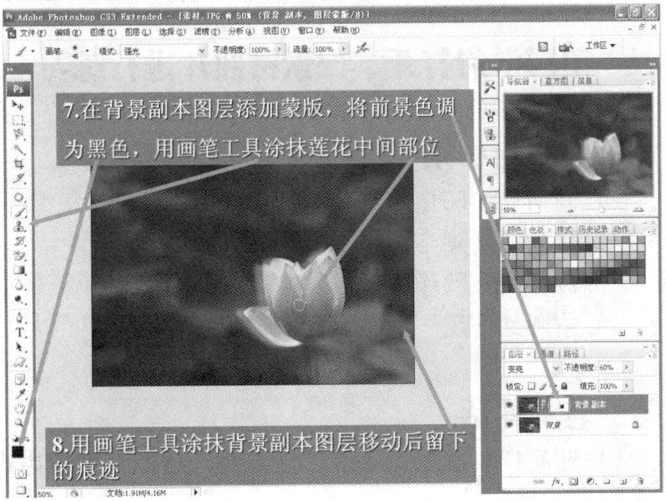
7.在背景副本图层添加蒙版，将前景色调为黑色，用画笔工具涂抹莲花中间部位
8.用画笔工具涂抹背景副本图层移动后留下的痕迹

图 29–9　多重曝光步骤 7、8

9.放大图像，用画笔工具涂抹莲花蒂，合并图层

图 29-10　多重曝光步骤 9

10.储存图像

图 29-11　多重曝光步骤 10

五、请同学们打开本课素材照片进行练习

六、提问与小结

1. 高斯模糊的作用。
2. 移动背景副本图层的作用。
3. 混合模式的作用。
4. 蒙版的作用。

七、老师的话

后期制作多重曝光效果相当方便，选择程度与花式也可以随心所欲。

八、思考与练习

1. 图层混合模式还可以选哪些？
2. 本课使用蒙版的目的是什么？

第 30 课　制作林中雾光效果

一、引言

林中直射雾光意境唯美但不常见。本课的目的是使同学们学会建立高光选区，再利用径向模糊制作林中直射雾光的方法。

二、素材与效果

图 30–1　制作林中雾光素材

图 30–2　制作林中雾光效果图

三、使用工具与命令

蓝通道、建立高光选区、径向模糊等命令。

四、制作过程

1. 打开素材，点选通道，点选蓝通道

图 30–3　制作林中雾光效果步骤 1

2. 按住Ctrl键点击蓝通道

图 30–4　制作林中雾光效果步骤 2

3. 点选RGB通道，点选图层

图 30–5　制作林中雾光效果步骤 3

4. 按Ctrl+J

图 30–6　制作林中雾光效果步骤 4

5. 执行：滤镜/模糊/径向模糊

图 30–7　制作林中雾光效果步骤 5

6. 调整径向模糊的选项后点“确定”

图 30–8　制作林中雾光效果步骤 6

7. 初现雾光效果

图 30–9　制作林中雾光效果步骤 7

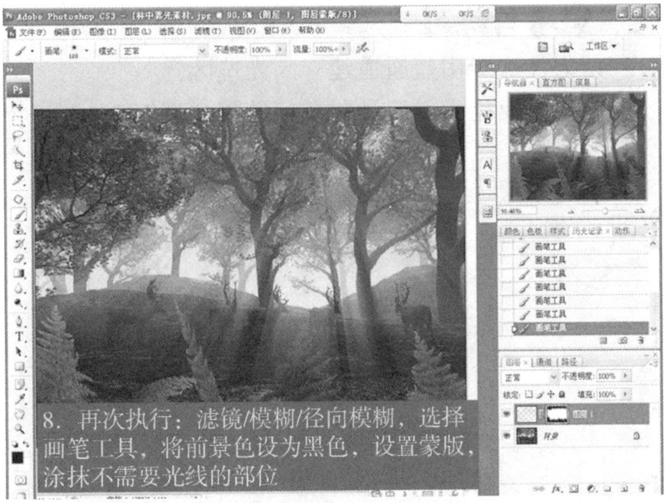
8. 再次执行：滤镜/模糊/径向模糊，选择
画笔工具，将前景色设为黑色，设置蒙版，
涂抹不需要光线的部位

图 30-10　制作林中雾光效果步骤 8

9. 合并图层，存储文件，任务完成

图 30-11　制作林中雾光效果步骤 9

五、请同学们打开本课素材照片进行练习

六、提问与小结

1. 利用蓝通道建立高光选区的方法。

2. 径向模糊中心点调整法。

七、老师的话

本课方法也可以用于晚霞片之类的处理。

八、思考与练习

1. 为什么要用蓝通道建立高光选区?

2. 径向模糊中心点设置在何处较合理?

第 31 课　一种夜景照片合成法

一、引言

改变图层混合模式往往有意想不到的效果。本课的目的是使同学们学会巧妙利用图层混合模式合成夜景照片的方法。

二、素材与效果

图 31–1　夜景照片合成素材 1

图 31–2　夜景照片合成素材 2

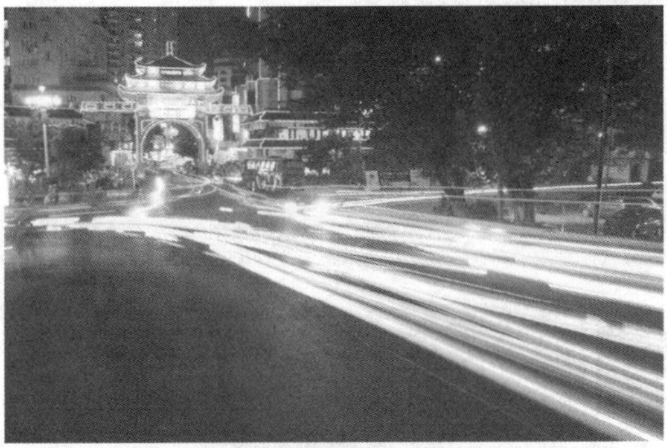

图 31–3　夜景照片合成效果图

三、使用工具与命令

“变亮”图层混合模式。

四、制作过程

1. 同时打开两张素材

图 31-4　夜景照片合成步骤 1

2. 选择素材2，将其拖曳到素材1

图 31-5　夜景照片合成步骤 2

3. 关闭素材2，点“否”

图 31-6　夜景照片合成步骤 3

4. 将混合模式改为“变亮”

图 31-7　夜景照片合成步骤 4

5. 合并图层，储存图像，任务完成

图 31-8　夜景照片合成步骤 5

五、请同学们打开本课素材照片进行练习

六、提问与小结

1. 将一张照片移动到另一张照片的方法。
2. 夜景照片光亮部分合成的方法。

七、老师的话

两张照片一定要对齐，未对齐则要先用移动工具调整。

八、思考与练习

“变亮”图层混合模式可以显出下层图层的亮部还是暗部？

第 32 课　跑焦照片补救法

一、引言

单反相机使用大光圈拍照常常会出现轻微跑焦的现象。本课的目的是使同学们掌握使用高反差保留等命令使跑焦照片得到最大限度补救的方法。

二、素材与效果

图 32–1　跑焦照片补救素材

图 32–2　跑焦照片补救效果图

三、使用工具与命令

去色、高反差保留、自定义、黑蒙版。

四、制作过程

Adobe Photoshop CS3 Extended - [素材.JPG @ 66.7% (背景 副本 2, RGB/8)]
1.打开素材图片，复制两层副本
图 32–3　跑焦照片补救步骤 1

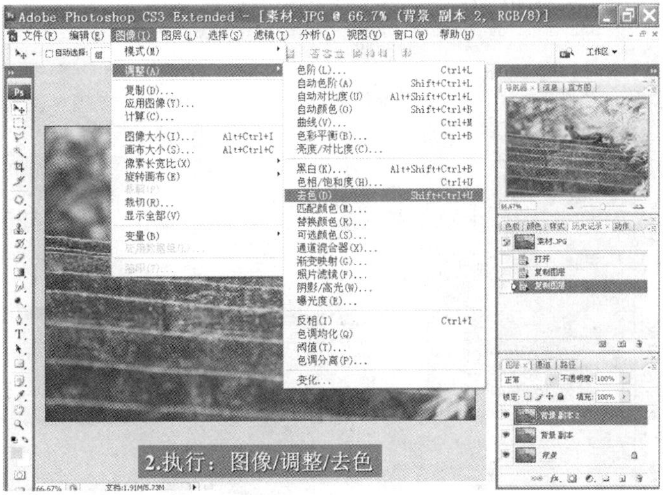

图 32-4　跑焦照片补救步骤 2

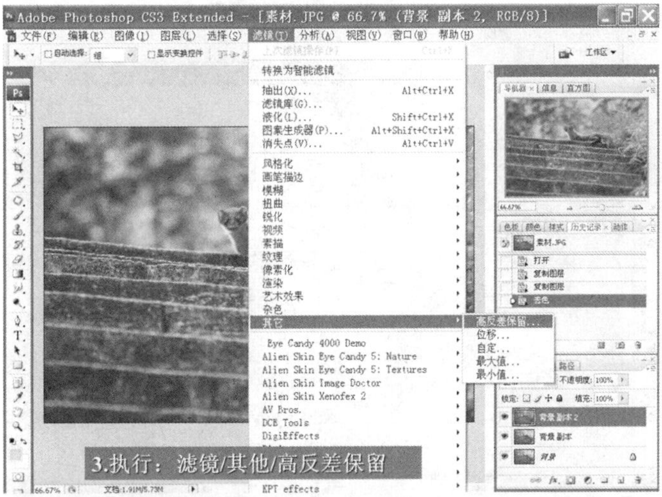

图 32-5　跑焦照片补救步骤 3

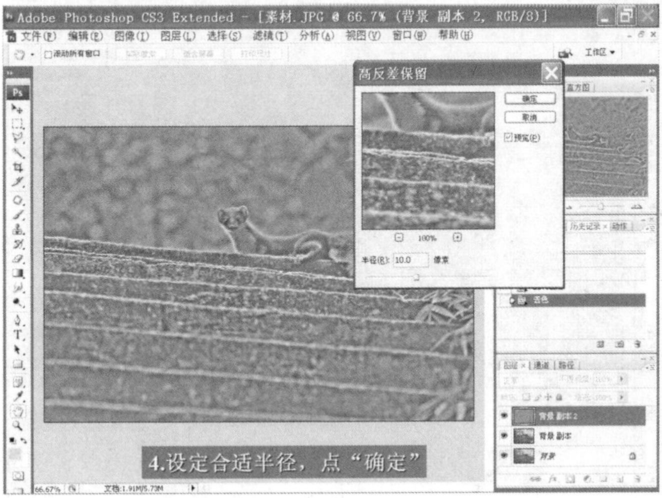

图 32-6　跑焦照片补救步骤 4

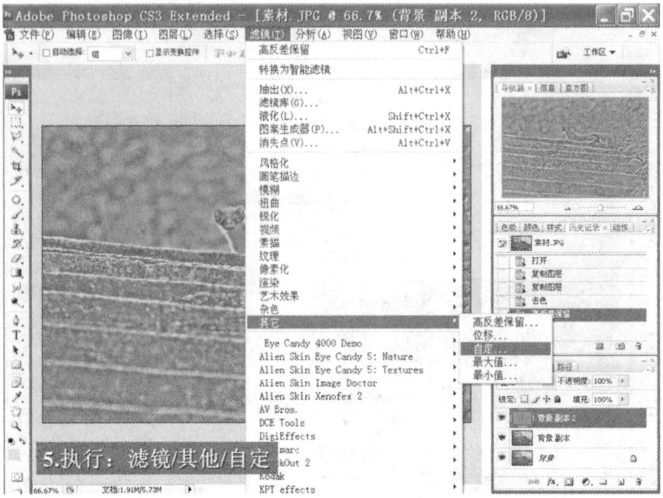

图 32-7　跑焦照片补救步骤 5

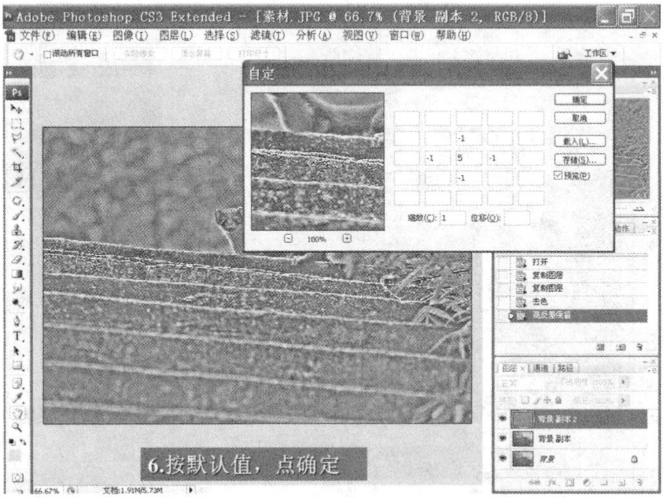

图 32-8　跑焦照片补救步骤 6

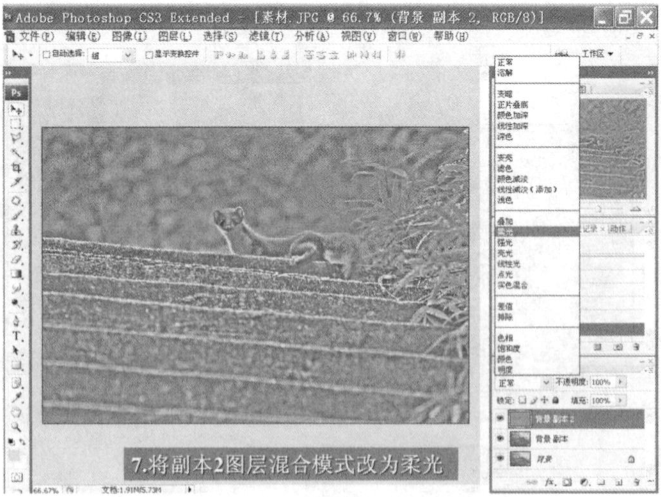

图 32-9　跑焦照片补救步骤 7

图 32-10　跑焦照片补救步骤 8

图 32-11　跑焦照片补救步骤 9

图 32-12　跑焦照片补救步骤 10

图 32-13　跑焦照片补救步骤 11

图 32-14　跑焦照片补救步骤 12

图 32-15　跑焦照片补救步骤 13

五、请同学们打开本课素材照片进行练习

六、提问与小结

1. 高反差保留命令与自定义命令所起的作用。
2. 黑蒙版的建立与使用方法。

七、老师的话

拍出一张各方面都很出色但主体轻微跑焦的照片是令人惋惜的事，如果无后期补救的措施，这样的照片就只能当废片处理了。

八、思考与练习

1. 去色处理的目的是什么?
2. 黑蒙版与白蒙版的建立与使用方法有什么不同?

第 33 课　高光过强的晚霞片调整

一、引言

拍晚霞的难点之一是天与地的光比很大，单纯靠摄影难以使两者同时达到合适的曝光，常见的情况是兼顾天地景物来测光造成照片天景过亮。本课的目的是使同学们掌握通过分别调整照片高光部分和阴影部分的方法，减少晚霞片天地光比，使天上的景物层次丰富而地上的景物不至于暗到一塌糊涂。

二、素材与效果

图 33–1　高光过强的晚霞片调整素材

图 33–2　高光过强的晚霞片调整效果图

三、使用工具与命令

高光 / 阴影、拾色工具、创建新的填充或调整图层、混合模式。

四、制作过程

图 33–3　高光过强的晚霞片调整步骤 1

2.执行：图像/调整/“阴影/高光”

图 33–4　高光过强的晚霞片调整步骤 2

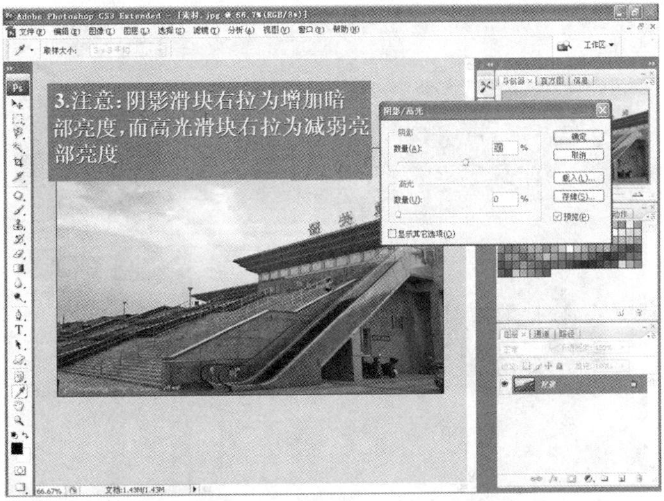
3.注意:阴影滑块右拉为增加暗部亮度,而高光滑块右拉为减弱亮部亮度
阴影/高光

图 33–5　高光过强的晚霞片调整步骤 3

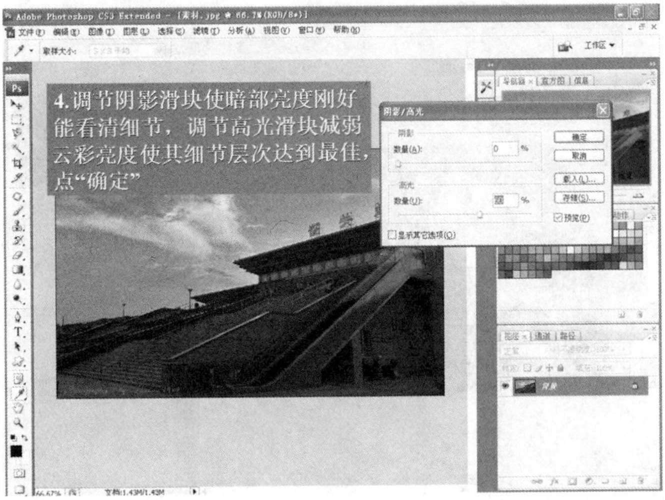
4.调节阴影滑块使暗部亮度刚好能看清细节，调节高光滑块减弱云彩亮度使其细节层次达到最佳，点“确定”
阴影/高光

图 33–6　高光过强的晚霞片调整步骤 4

5.执行：图像/调整/“色相/饱和度”

图 33–7　高光过强的晚霞片调整步骤 5

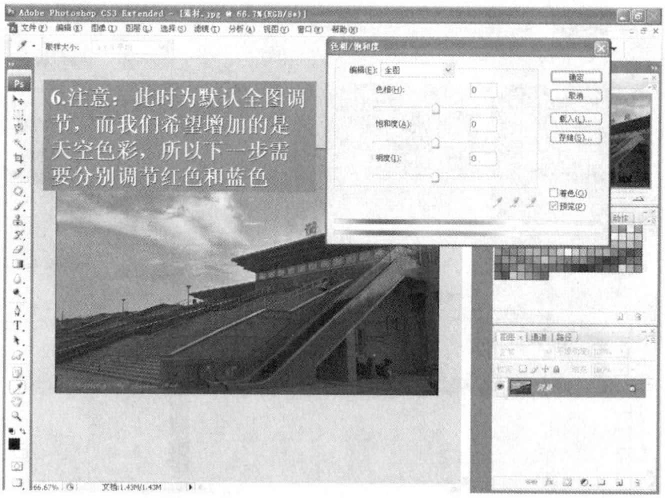
6.注意：此时为默认全图调节，而我们希望增加的是天空色彩，所以下一步需要分别调节红色和蓝色

图 33–8　高光过强的晚霞片调整步骤 6

7.选取红色，增加其饱和度

图 33–9　高光过强的晚霞片调整步骤 7

8.选取蓝色，增加其饱和度，点“确定”

图 33-10　高光过强的晚霞片调整步骤 8

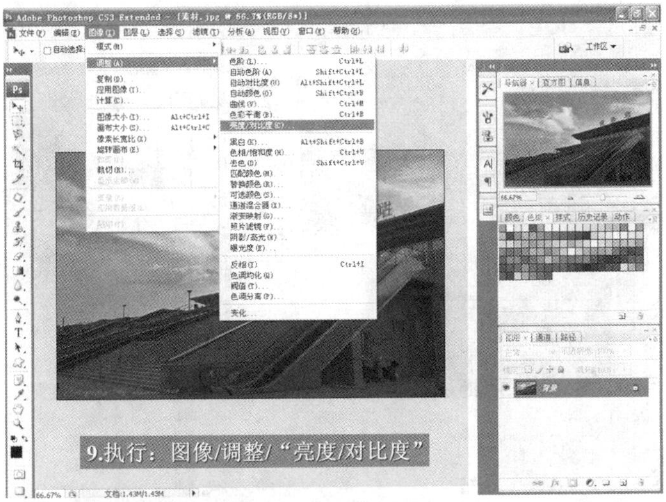
9.执行：图像/调整/“亮度/对比度”

图 33-11　高光过强的晚霞片调整步骤 9

10.增加对比度，点“确定”

图 33-12　高光过强的晚霞片调整步骤 10

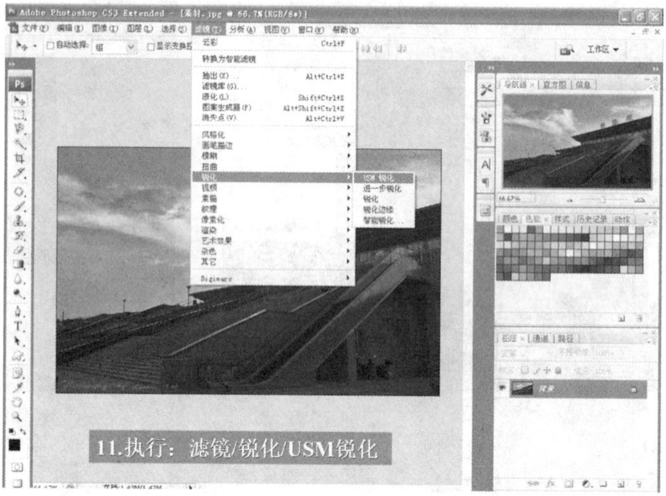
11.执行：滤镜/锐化/USM锐化

图 33–13　高光过强的晚霞片调整步骤 11

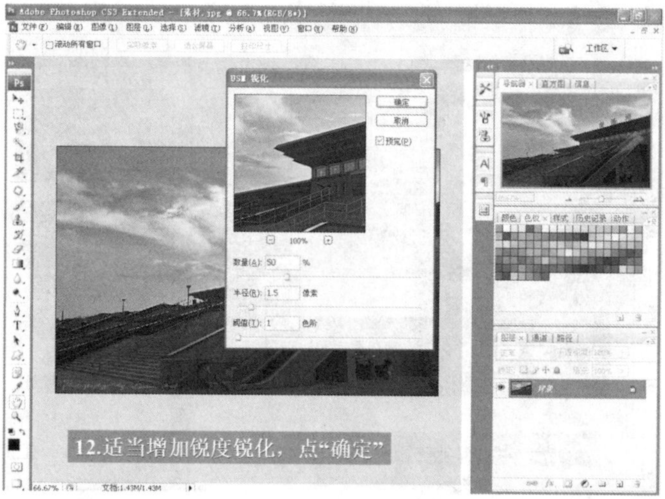
12.适当增加锐度锐化，点“确定”

图 33–14　高光过强的晚霞片调整步骤 12

13.至此照片已经基本达到要求，如想进一步美化则继续进行后面的渲染调节

图 33–15　高光过强的晚霞片调整步骤 13

14.点创建新图层按钮，建立新图层（图层1）

图 33-16　高光过强的晚霞片调整步骤 14

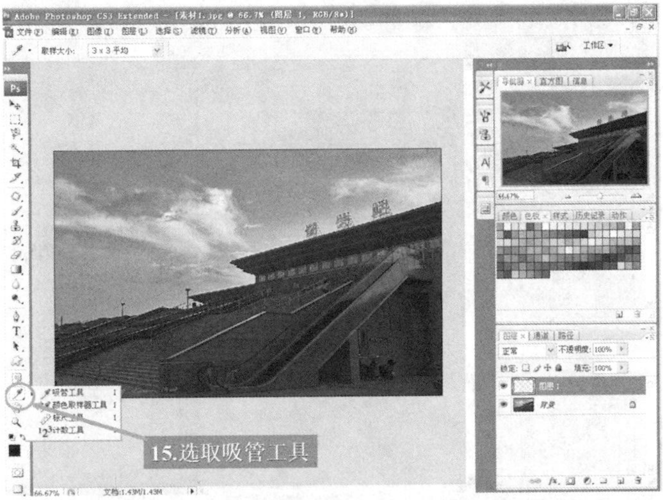
15.选取吸管工具

图 33-17　高光过强的晚霞片调整步骤 15

16.在天空较亮的红色部分点一下

图 33-18　高光过强的晚霞片调整步骤 16

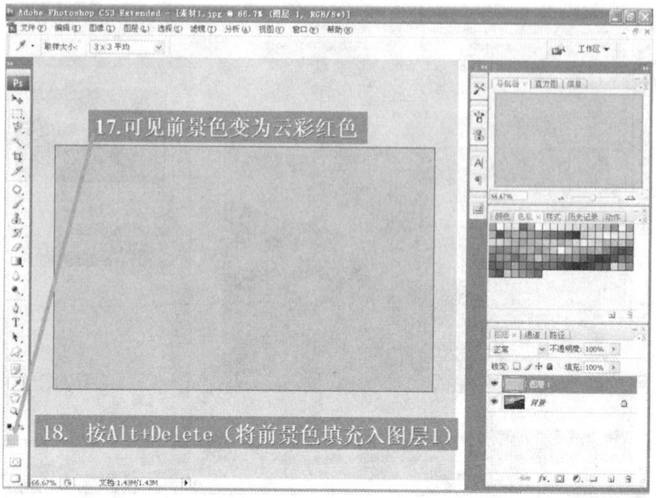
17.可见前景色变为云彩红色
18. 按Alt+Delete（将前景色填充入图层1）

图 33-19　高光过强的晚霞片调整步骤 17、18

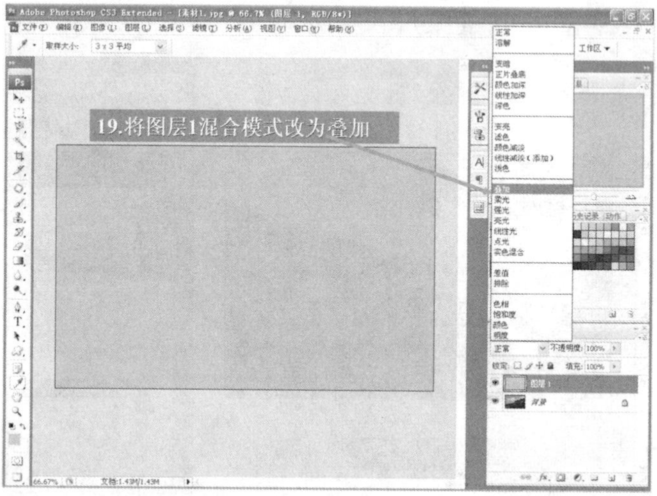
19.将图层1混合模式改为叠加

图 33-20　高光过强的晚霞片调整步骤 19

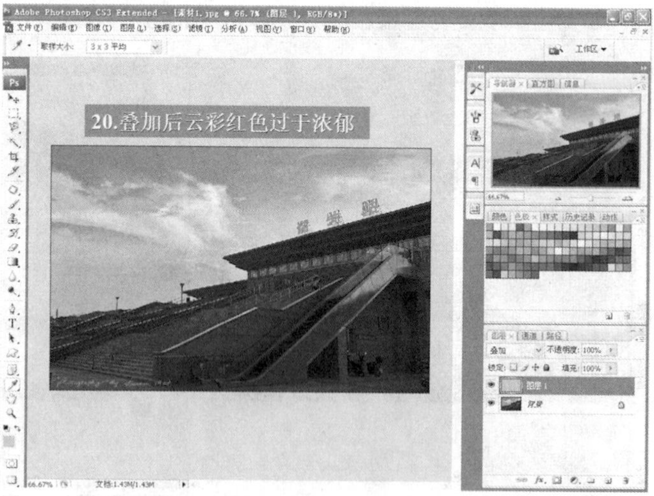
20.叠加后云彩红色过于浓郁

图 33-21　高光过强的晚霞片调整步骤 20

21.适当降低图层1不透明度，合并图层

图 33-22 高光过强的晚霞片调整步骤 21

22.存储图像

图 33-23 高光过强的晚霞片调整步骤 22

五、请同学们打开本课素材照片进行练习

六、提问与小结

1. 调整照片高光部分与阴影部分的方法。

2. 吸管工具的作用与使用方法。

七、老师的话

本课例实际也提示了一种晚霞拍摄的方法，即可以用适当增加天空景物亮度来迁就地面景物亮度的方法拍摄，后期再压低天空亮度。不过前提是天空不要过曝。

当然，拍摄时也可以让天空直接正常曝光，但地景亮度往往很低，甚至全黑，后期虽然可以提亮但会显得很粗糙。

八、思考与练习

1. 为什么要调整晚霞片的高光与阴影？
2. 本课例是用什么方法渲染晚霞片的？

第 34 课　自动接片

一、引言

Photoshop 是功能强大的数码照片后期处理工具，其 CS3、CS4 版本均带有自动接片功能。使用该功能无须安装其他软件即可直接在 Photoshop 中进行自动接片。本课的目的是让同学们掌握使用 Photoshop 进行自动接片的方法。

二、素材与效果

图 34-1　自动接片素材 1

图 34-2　自动接片素材 2

图 34-3　自动接片素材 3

图 34-4　自动接片素材 4

图 34-5　自动接片素材 5

图 34-6　自动接片效果图

三、使用工具与命令

合并照片、阴影 / 高光。

四、制作过程

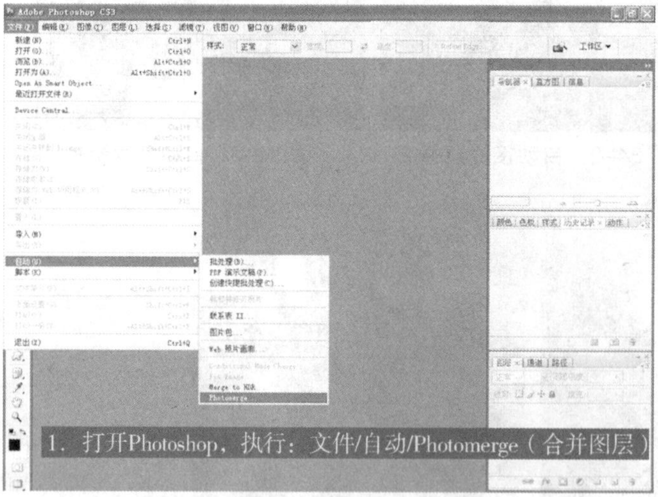
Adobe Photoshop CS3
1. 打开Photoshop，执行：文件/自动/Photomerge（合并图层）

图 34-7　自动接片步骤 1

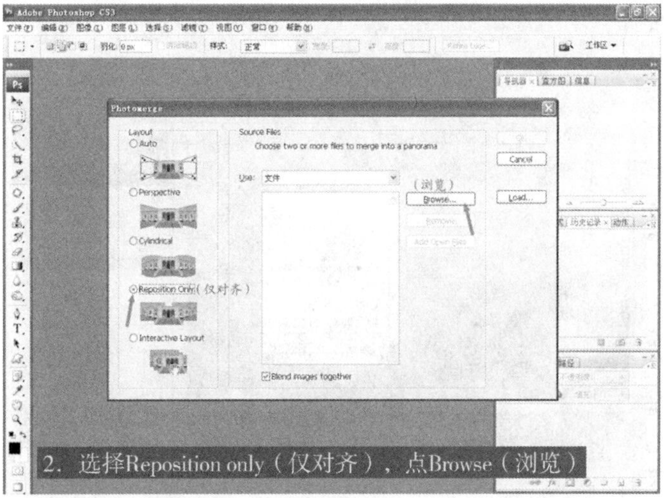

图 34–8　自动接片步骤 2

图 34–9　自动接片步骤 3

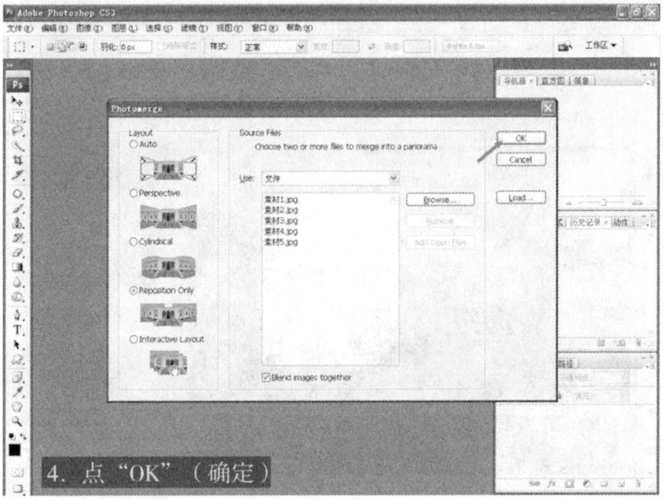

图 34–10　自动接片步骤 4

5. Photoshop自动运算选择出每一张素材的
最佳部位拼合

图 34-11　自动接片步骤 5

6. 在任一图层上点右键，合并全部图层

图 34-12　自动接片步骤 6

7. 选择裁剪工具，拖出合适的裁剪区，
按回车键（或点√号）

图 34-13　自动接片步骤 7

Adobe Photoshop CS3 - [Untitled_Panorama1 @ 37.6% (素材1.jpg, RGB/8)]
8. 执行：图像/调整/“阴影/高光”

图 34–14　自动接片步骤 8

Adobe Photoshop CS3 - [Untitled_Panorama1 @ 37.6% (素材1.jpg, RGB/8)]
阴影/高光
9. 将阴影数量调至20%（提高暗部），高光数量调至5%（压暗亮），点“确定”

图 34–15　自动接片步骤 9

Adobe Photoshop CS3 - [Untitled_Panorama1 @ 37.6% (素材1.jpg, RGB/8)]
10. 保存文件（注意保存为JPG格式），结束本次修片

图 34–16　自动接片步骤 10

五、请同学们打开本课素材照片进行练习

六、提问与小结

1.Photoshop 自动接片使用了什么命令？

2. 本课例为什么接片后要应用“阴影 / 高光”命令？

七、老师的话

当你拍摄某个美丽的风景时，发现拍单片只能拍到一小部分而无法反映出其恢宏的气势时，就请你变换角度多拍几张，回去用 Photoshop 接片。

八、思考与练习

本课例合并选项里可以不选“仅对齐”吗？请你试试其他选项。

第 35 课　gif 动态图片制作（1）

一、引言

这里介绍用 Photoshop 做 gif 动态图片最基本的方法，用最简单的例子让初学者快速入门，能够做出简单的 gif 图片之后再找些复杂的例子来做，多做几个便能领会其中的原理。本课的目的是让同学们学会制作两张图片甚至是一张图片的简单动态过度转换的基本方法。

二、素材与效果

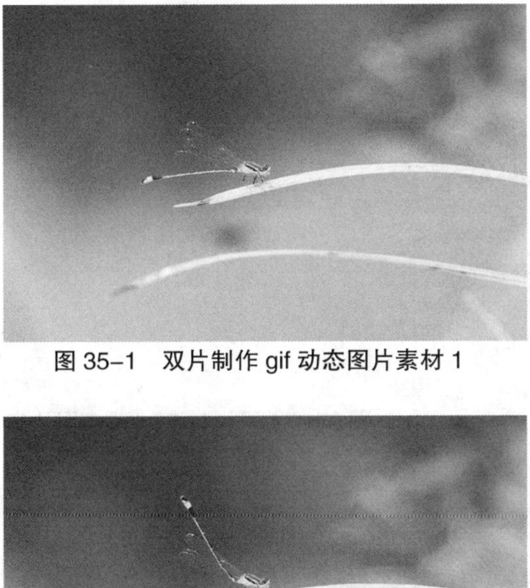

图 35-1　双片制作 gif 动态图片素材 1

图 35-2　双片制作 gif 动态图片素材 2

图 35-3　双片制作 gif 动态图片效果图

图 35-4　单片制作 gif 动态图片素材

图 35-5　单片制作 gif 动态图片效果图

三、使用工具与命令

动画、Web 所用格式。

四、制作过程

双片制作 gif 动态图片：

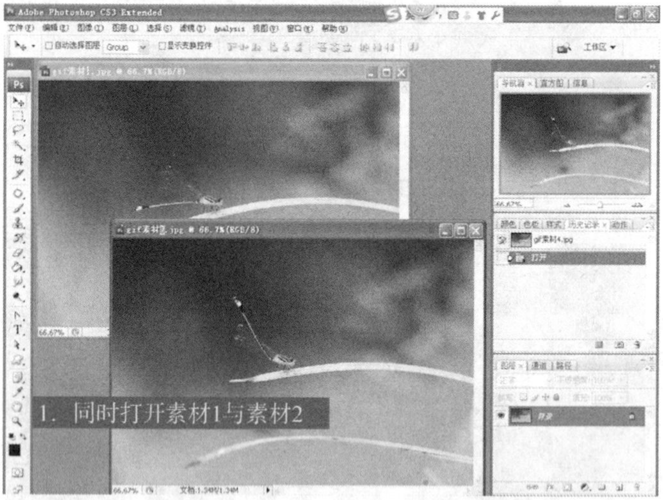

图 35-6　双片制作 gif 动态图片步骤 1

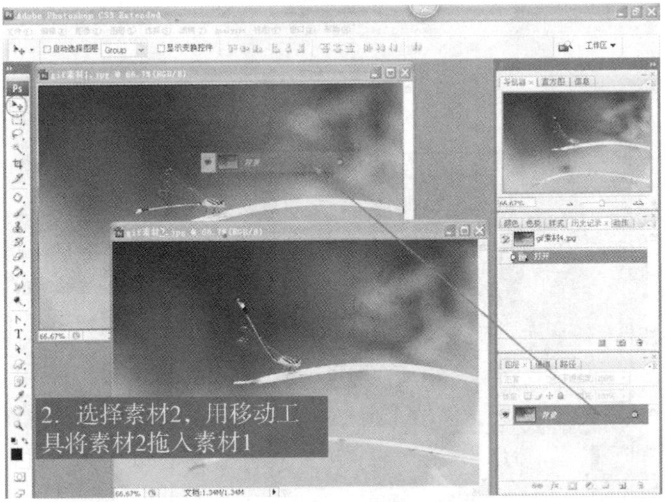
2. 选择素材2，用移动工
具将素材2拖入素材1

图 35–7　双片制作 gif 动态图片步骤 2

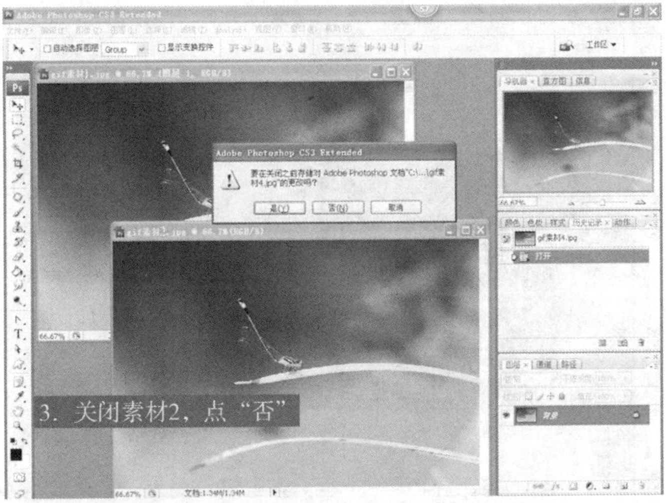
3. 关闭素材2，点“否”

图 35–8　双片制作 gif 动态图片步骤 3

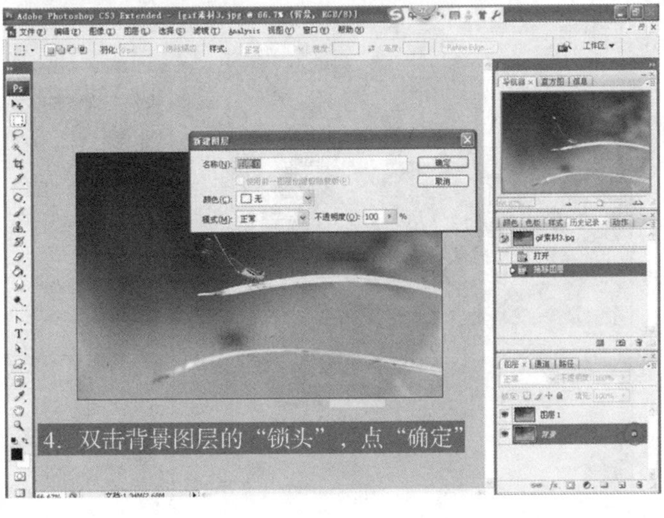
4. 双击背景图层的“锁头”，点“确定”

图 35–9　双片制作 gif 动态图片步骤 4

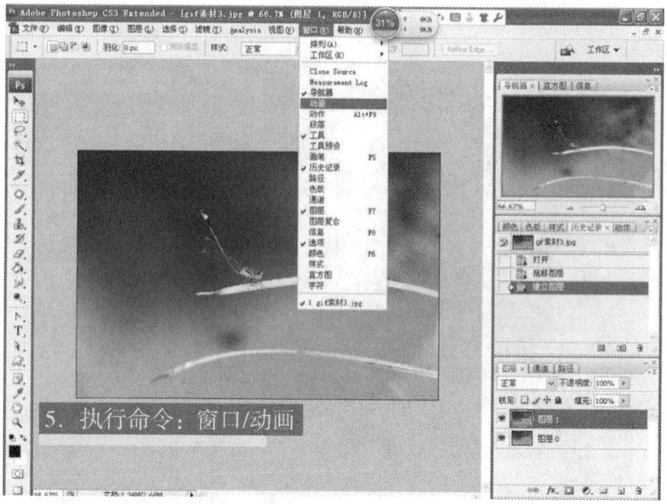
5. 执行命令：窗口/动画

图 35-10　双片制作 gif 动态图片步骤 5

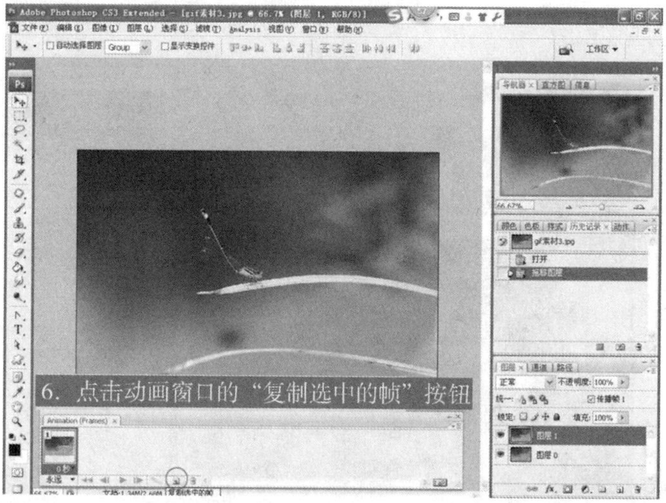
6. 点击动画窗口的“复制选中的帧”按钮

图 35-11　双片制作 gif 动态图片步骤 6

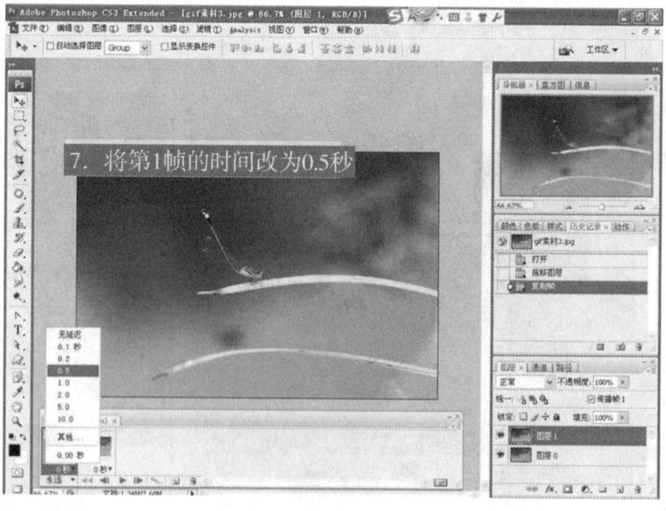
7. 将第1帧的时间改为0.5秒

图 35-12　双片制作 gif 动态图片步骤 7

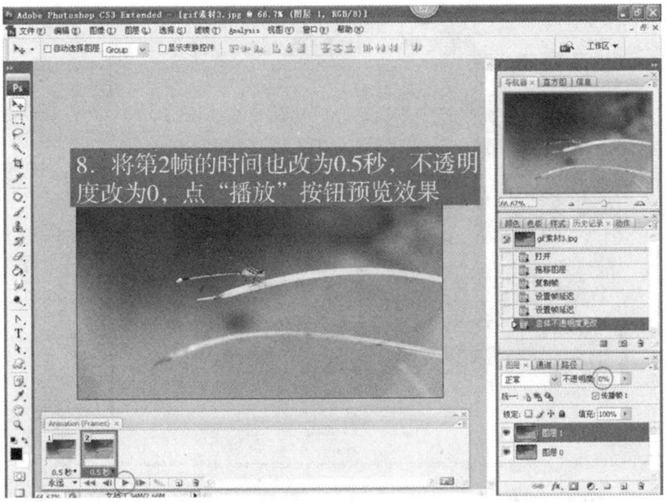
Adobe Photoshop CS3 Extended
8. 将第2帧的时间也改为0.5秒，不透明度改为0，点“播放”按钮预览效果
Animation (Frames)

图 35–13 双片制作 gif 动态图片步骤 8

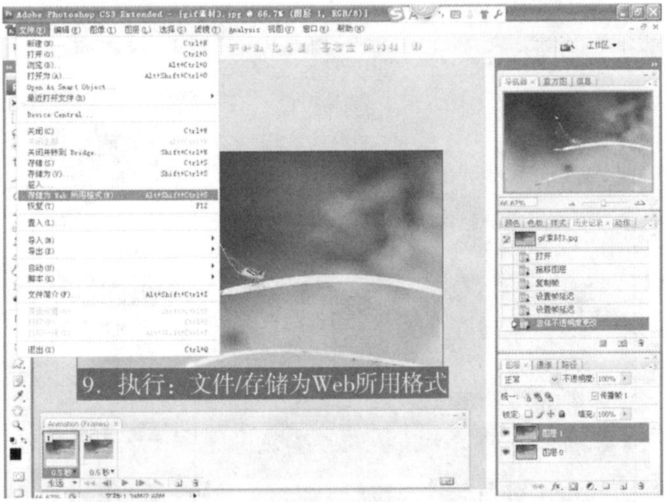
Adobe Photoshop CS3 Extended
9. 执行：文件/存储为Web所用格式
Animation (Frames)

图 35–14 双片制作 gif 动态图片步骤 9

Adobe Photoshop CS3 Extended
Save For Web & Devices
Save
Cancel
Done
10. 点“保存”

图 35–15 双片制作 gif 动态图片步骤 10

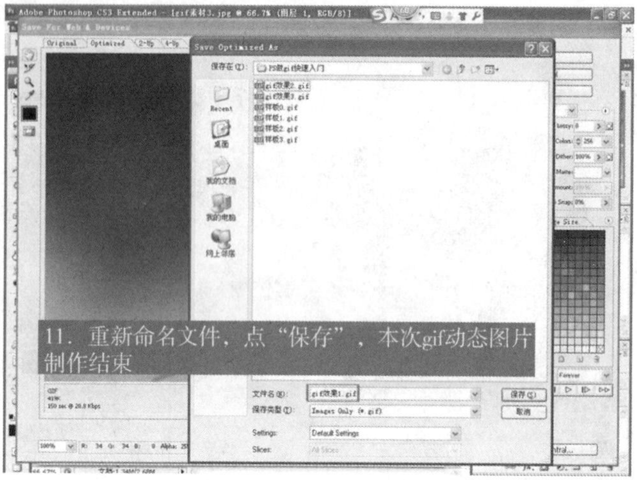
11. 重新命名文件，点“保存”，本次gif动态图片制作结束

图 35-16　双片制作 gif 动态图片步骤 11

单片制作 gif 动态图片：

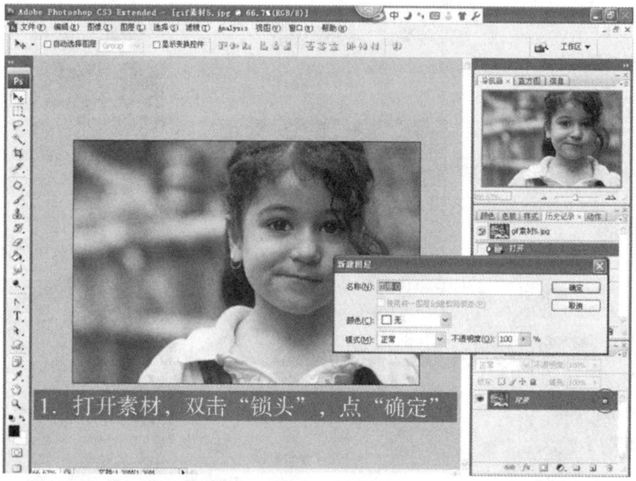
1. 打开素材，双击“锁头”，点“确定”

图 35-17　单片制作 gif 动态图片步骤 1

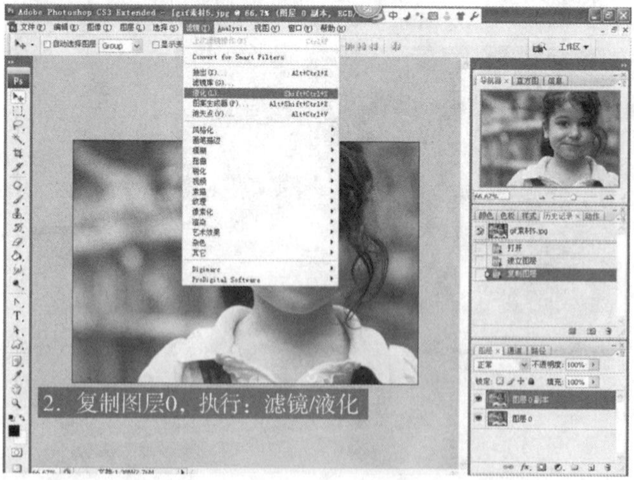
2. 复制图层0，执行：滤镜/液化

图 35-18　单片制作 gif 动态图片步骤 2

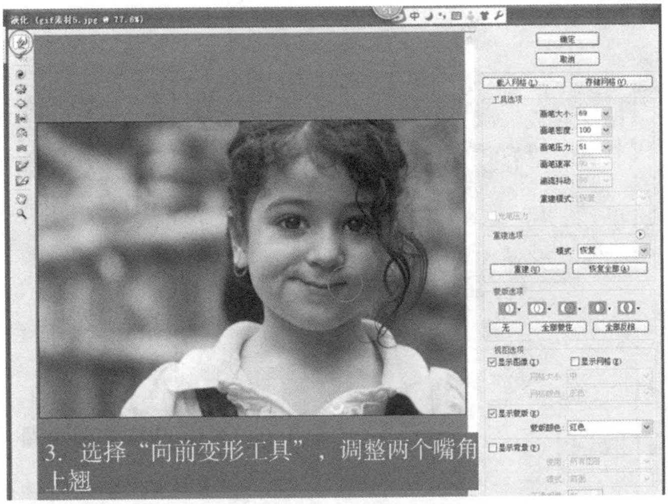
3. 选择“向前变形工具”，调整两个嘴角上翘

图 35-19 单片制作 gif 动态图片步骤 3

4. 选择“膨胀工具”，点击双眼，点“确定”

图 35-20 单片制作 gif 动态图片步骤 4

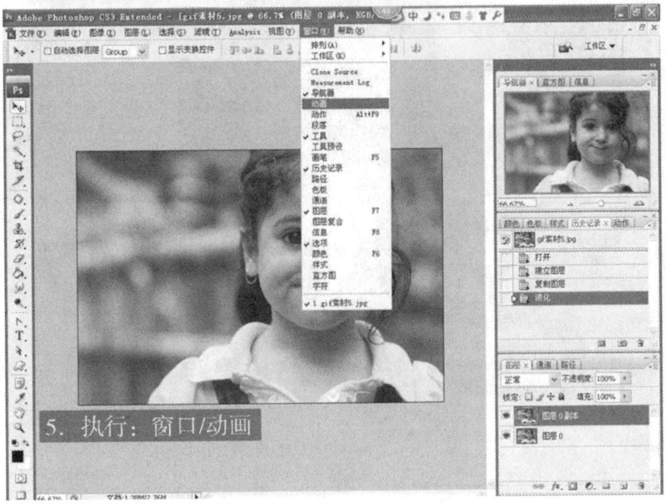
5. 执行：窗口/动画

图 35-21 单片制作 gif 动态图片步骤 5

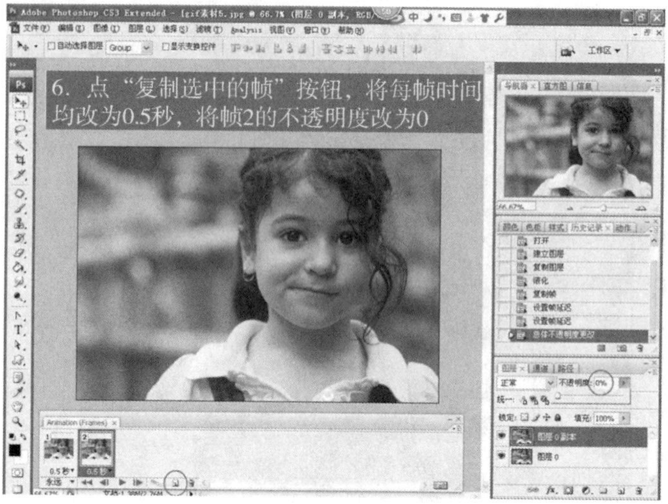
6. 点"复制选中的帧"按钮，将每帧时间均改为0.5秒，将帧2的不透明度改为0

图 35–22 单片制作 gif 动态图片步骤 6

7. 点"播放"按钮预览效果，执行：文件/存储为Web所用格式

图 35–23 单片制作 gif 动态图片步骤 7

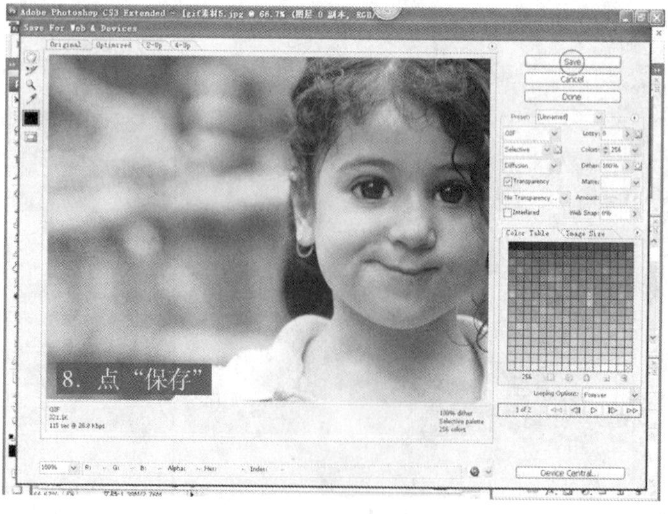
8. 点"保存"

图 35–24 单片制作 gif 动态图片步骤 8

图 35–25　单片制作 gif 动态图片步骤 9

五、请同学们打开本课素材照片进行练习

六、提问与小结

1. 背景图层如何解除锁定？
2. 设置动画用到哪个命令？
3. 为什么要改变第 2 帧图片的不透明度？

七、老师的话

偶尔弄几张动态图片还是很有乐趣的。

八、思考与练习

1. 动画窗口预览播放时是同一张图片逐帧播放，为什么我们可以看到另一张图片？
2. “Web 所用格式”是什么格式？

第 36 课　gif 动态图片制作（2）

一、引言

如果在基本gif动态图片的基础上增加一定的渐变过渡效果，则其又有另一番风味。本课的目的是让同学们学会制作 gif 动态图片增加渐变过渡效果的基本方法。

二、素材与效果

图 36–1　制作渐变过渡效果 gif 动态图片素材 1

图 36–2　制作渐变过渡效果 gif 动态图片素材 2

图 36–3　制作渐变过渡效果 gif 动态图片效果图

三、使用工具与命令

动画帧过渡、Web 所用格式。

四、制作过程

Adobe Photoshop CS3 Extended
1. 同时打开素材1和素材2

图 36–4　制作渐变过渡效果 gif 动态图片步骤 1

Adobe Photoshop CS3 Extended
2. 选择“移动工具”，将素材1拖入素材2

图 36–5　制作渐变过渡效果 gif 动态图片步骤 2

Adobe Photoshop CS3 Extended
3. 关闭素材1，点“否”

图 36–6　制作渐变过渡效果 gif 动态图片步骤 3

4. 双击背景图层的“锁头”，点“确定”

图 36–7　制作渐变过渡效果 gif 动态图片步骤 4

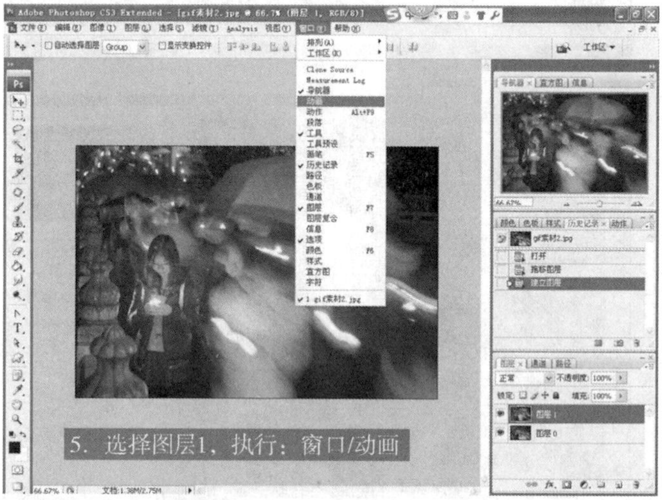
5. 选择图层1，执行：窗口/动画

图 36–8　制作渐变过渡效果 gif 动态图片步骤 5

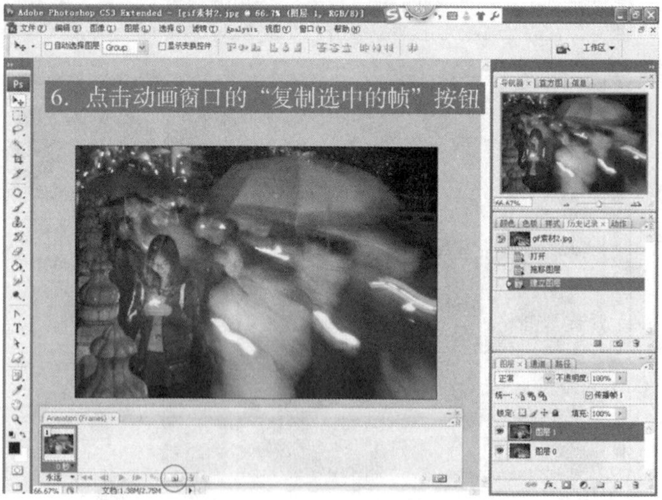
6. 点击动画窗口的“复制选中的帧”按钮

图 36–9　制作渐变过渡效果 gif 动态图片步骤 6

7．此时可见据帧1复制出的帧2

图 36–10　制作渐变过渡效果 gif 动态图片步骤 7

8．点击动画窗口“动画帧过渡”按钮

图 36–11　制作渐变过渡效果 gif 动态图片步骤 8

9．点“确定”

图 36–12　制作渐变过渡效果 gif 动态图片步骤 9

10. 将帧1延迟时间改为0.2秒

图 36–13　制作渐变过渡效果 gif 动态图片步骤 10

11. 将帧2~6延迟时间改为0.1秒，
将帧7延迟时间改为0.2秒

图 36–14　制作渐变过渡效果 gif 动态图片步骤 11

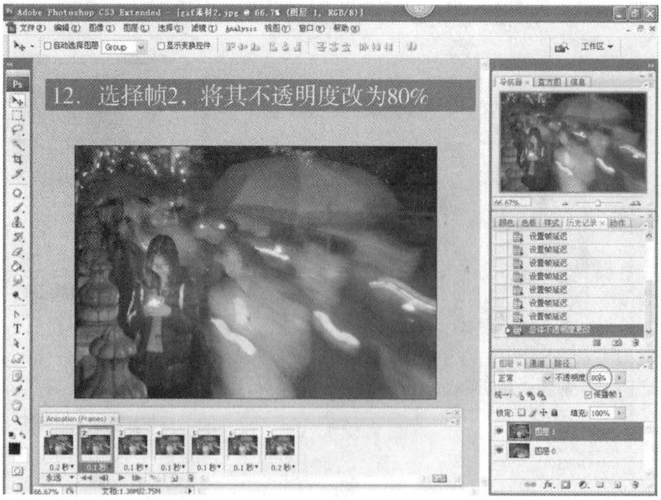
12. 选择帧2，将其不透明度改为80%

图 36–15　制作渐变过渡效果 gif 动态图片步骤 12

13. 选择帧3，将其不透明度改为60%

图 36-16　制作渐变过渡效果 gif 动态图片步骤 13

14. 选择帧4，将其不透明度改为40%

图 36-17　制作渐变过渡效果 gif 动态图片步骤 14

15. 选择帧5，将其不透明度改为20%

图 36-18　制作渐变过渡效果 gif 动态图片步骤 15

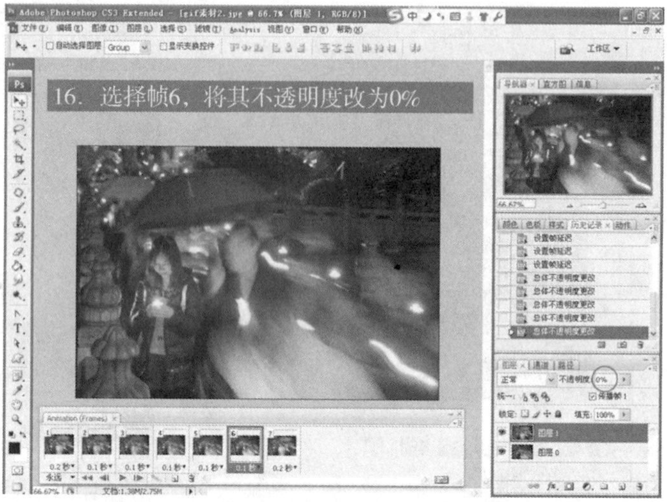
16. 选择帧6，将其不透明度改为0%

图 36-19　制作渐变过渡效果 gif 动态图片步骤 16

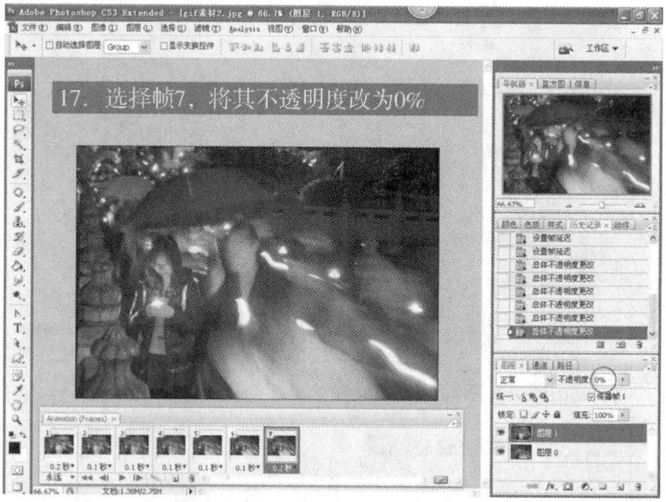
17. 选择帧7，将其不透明度改为0%

图 36-20　制作渐变过渡效果 gif 动态图片步骤 17

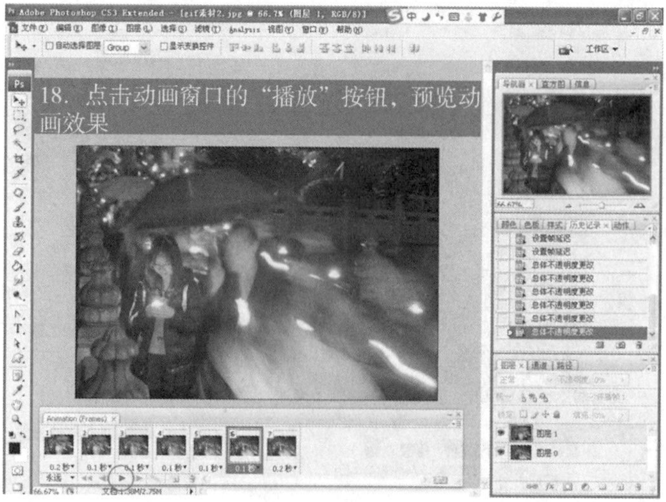
18. 点击动画窗口的“播放”按钮，预览动画效果

图 36-21　制作渐变过渡效果 gif 动态图片步骤 18

19. 执行：文件/存储为Web所用格式

图 36-22　制作渐变过渡效果 gif 动态图片步骤 19

20. 点“保存”

图 36-23　制作渐变过渡效果 gif 动态图片步骤 20

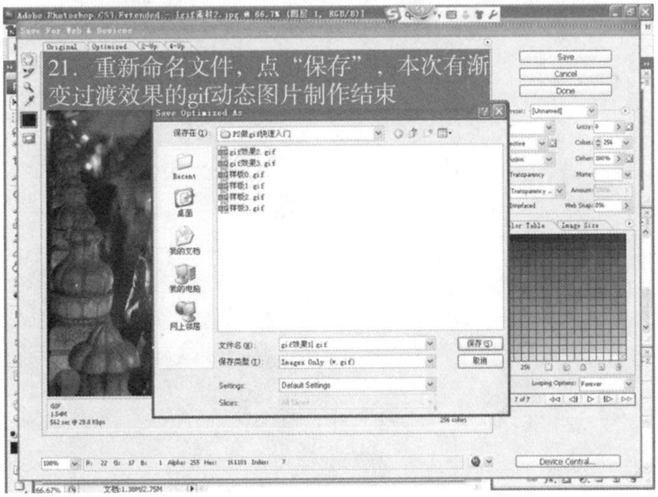
21. 重新命名文件，点“保存”，本次有渐变过渡效果的gif动态图片制作结束

图 36-24　制作渐变过渡效果 gif 动态图片步骤 21

五、请同学们打开本课素材照片进行练习

六、提问与小结

1. 动画窗口中哪个按钮是用来开始设置渐变过渡效果的?
2. 设置渐变过渡效果为什么要逐帧改变图片的不透明度?

七、老师的话

制作双片渐变过渡效果动态图片可以为制作最复杂的动态图片打好基础。

八、思考与练习

1. gif 动态图片实现渐变过渡的关键方法是什么?
2. 本课例中,若过渡帧多于 5 帧,会有什么效果?

第 37 课　gif 动态图片制作（3）

一、引言

动态图片的“下雨”和“飘雪”是许多人喜欢的效果，它们的制作方法几乎相同。本课的目的是让同学们学会制作 “飘雪”效果的 gif 动态图片的方法。

二、素材与效果

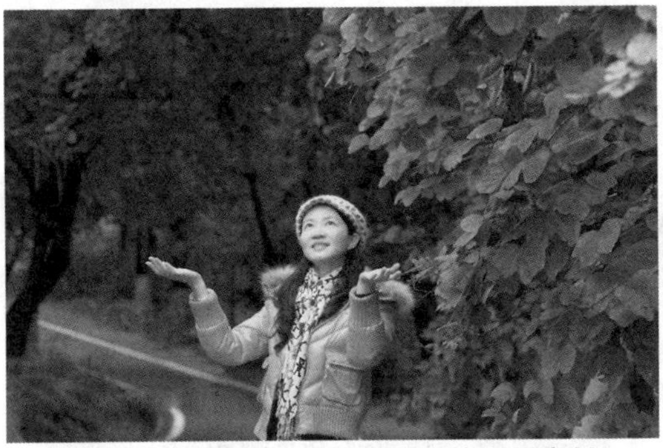

图 37–1　飘雪效果 gif 动态图片制作素材

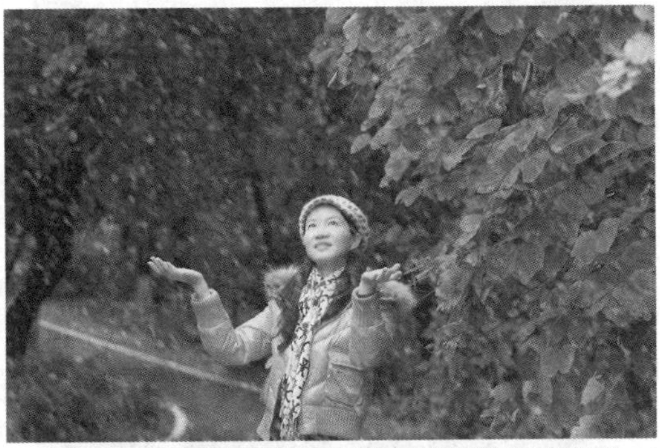

图 37–2　飘雪效果 gif 动态图片制作效果图

三、使用工具与命令

使用动作、帧设置、Web 所用格式。

四、制作过程

图 37–3　制作飘雪效果 gif 动态图片步骤 1

2. 点击“动作”，点击“创建新动作”按钮

图 37-4　制作飘雪效果 gif 动态图片步骤 2

3. 将创建新动作名称改为“飘雪”，点“记录”

图 37-5　制作飘雪效果 gif 动态图片步骤 3

4. 点击“创建新图层”按钮以建立空白图层

图 37-6　制作飘雪效果 gif 动态图片步骤 4

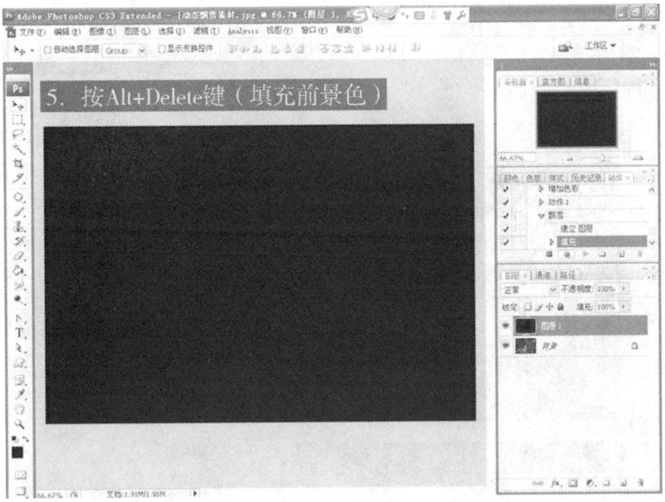
5. 按Alt+Delete键（填充前景色）

图 37–7　制作飘雪效果 gif 动态图片步骤 5

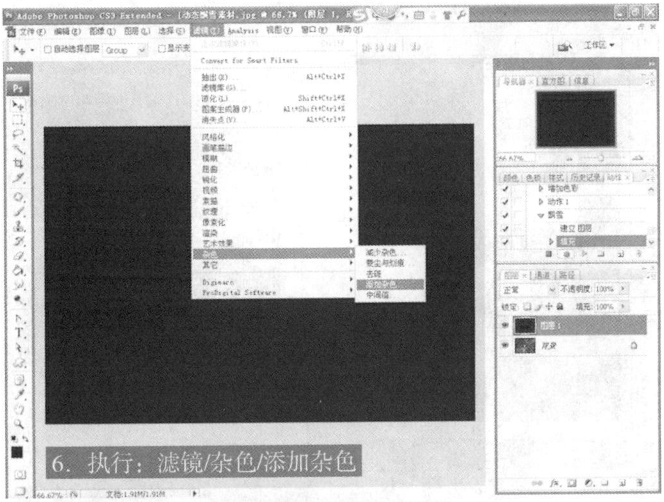
6. 执行：滤镜/杂色/添加杂色

图 37–8　制作飘雪效果 gif 动态图片步骤 6

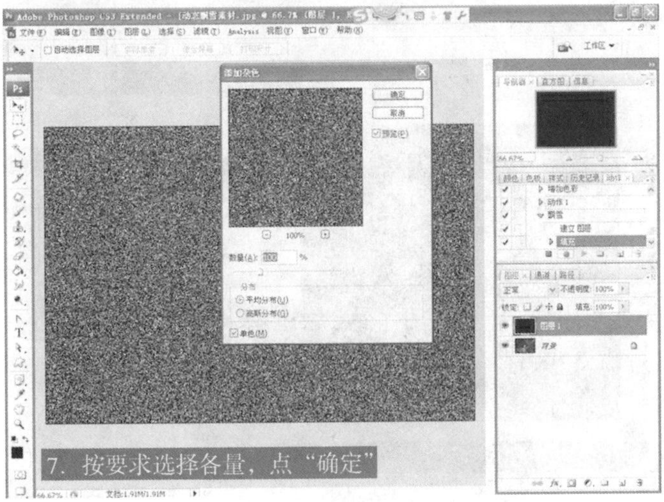
添加杂色
7. 按要求选择各量，点“确定”

图 37–9　制作飘雪效果 gif 动态图片步骤 7

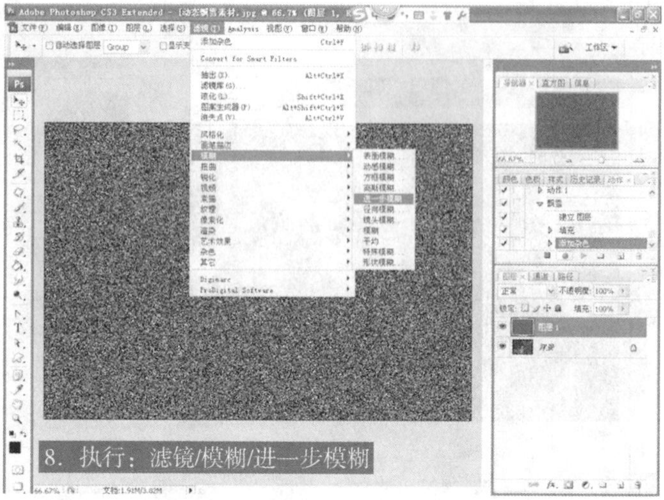
8. 执行：滤镜/模糊/进一步模糊

图 37–10　制作飘雪效果 gif 动态图片步骤 8

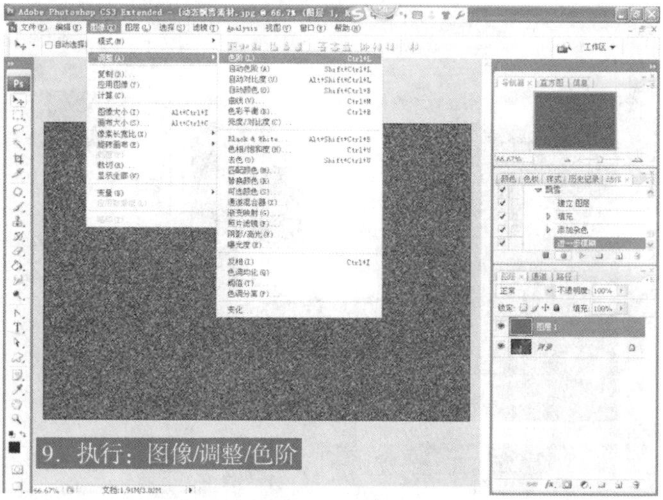
9. 执行：图像/调整/色阶

图 37–11　制作飘雪效果 gif 动态图片步骤 9

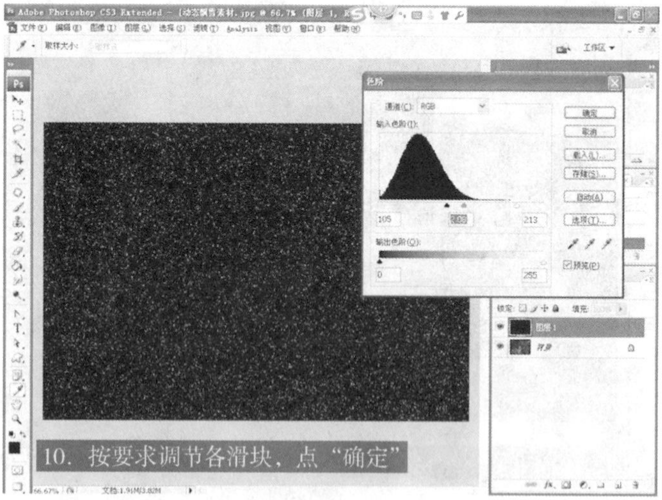
10. 按要求调节各滑块，点“确定”

图 37–12　制作飘雪效果 gif 动态图片步骤 10

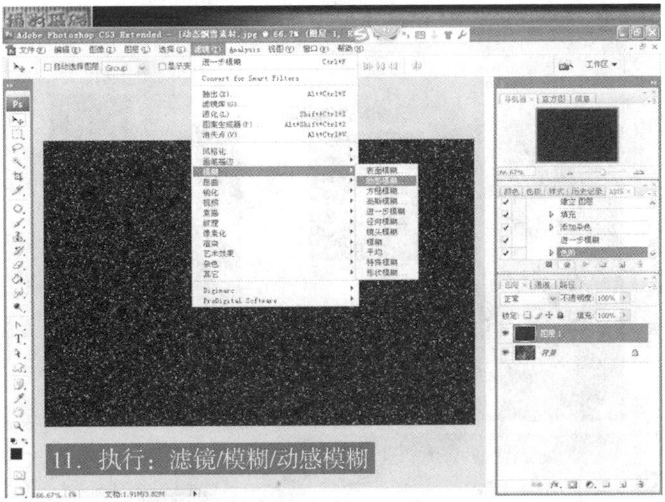
11. 执行：滤镜/模糊/动感模糊

图 37–13　制作飘雪效果 gif 动态图片步骤 11

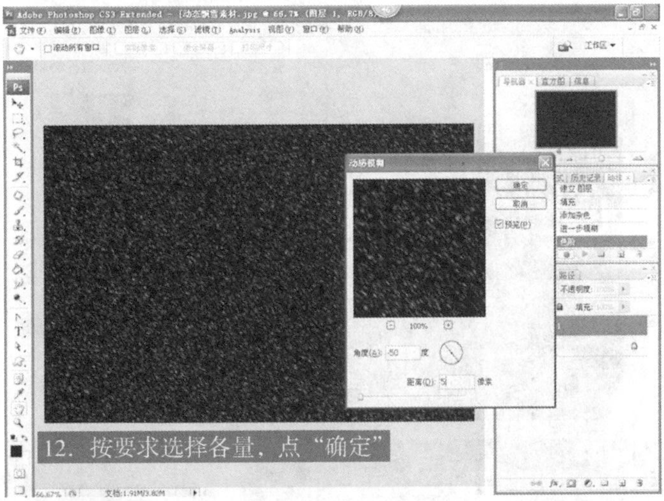
12. 按要求选择各量，点“确定”

图 37–14　制作飘雪效果 gif 动态图片步骤 12

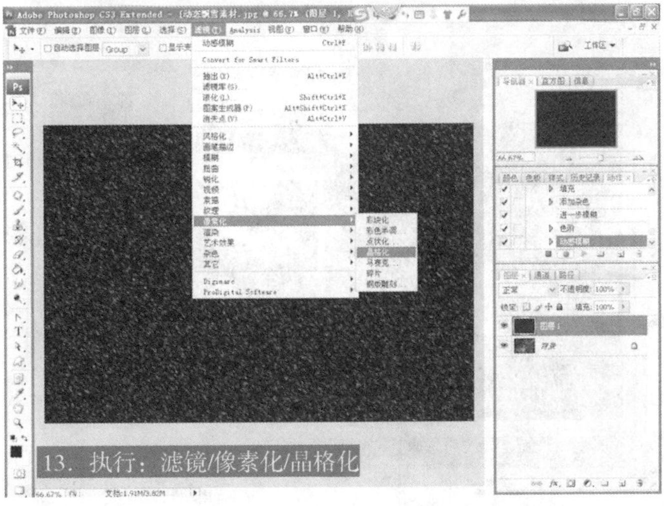
13. 执行：滤镜/像素化/晶格化

图 37–15　制作飘雪效果 gif 动态图片步骤 13

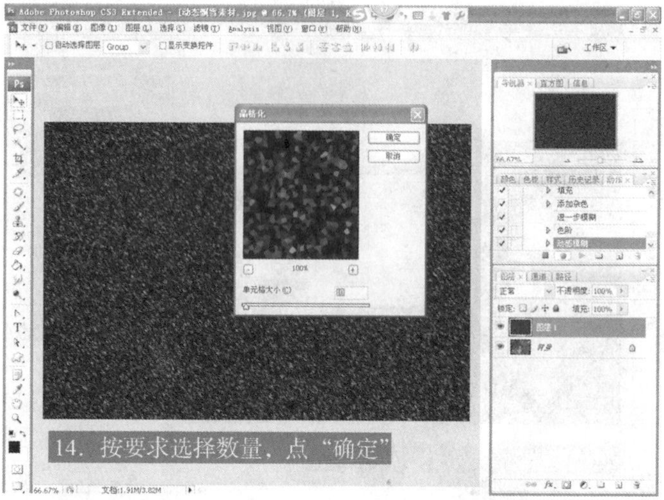
14. 按要求选择数量，点“确定”

图 37–16　制作飘雪效果 gif 动态图片步骤 14

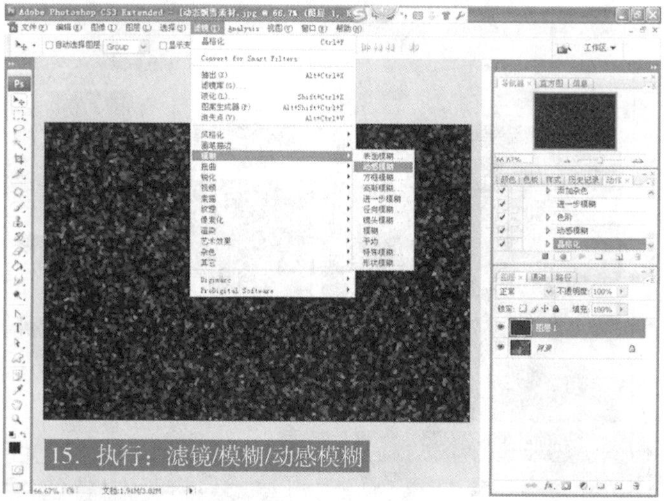
15. 执行：滤镜/模糊/动感模糊

图 37–17　制作飘雪效果 gif 动态图片步骤 15

16. 按要求选择数量，点“确定”

图 37–18　制作飘雪效果 gif 动态图片步骤 16

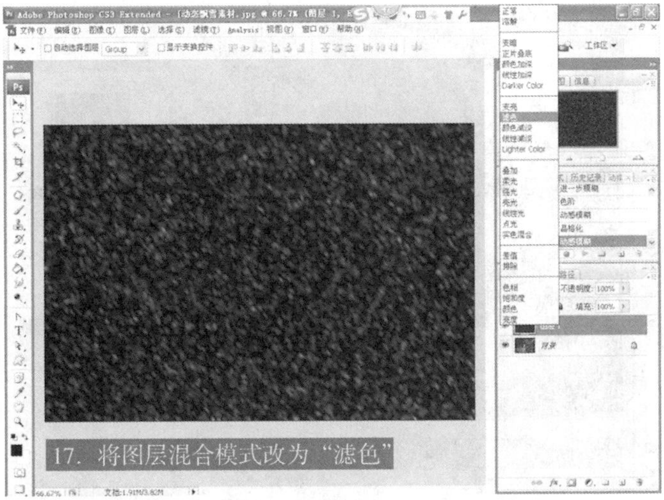
17. 将图层混合模式改为“滤色”

图 37-19　制作飘雪效果 gif 动态图片步骤 17

18. 点击“停止播放/记录”按钮

图 37-20　制作飘雪效果 gif 动态图片步骤 18

19. 选择“动作/飘雪”，点击“播放”按钮

图 37-21　制作飘雪效果 gif 动态图片步骤 19

20. 自动增加图层2后再次点击“播放”按钮

图 37-22　制作飘雪效果 gif 动态图片步骤 20

21. 自动增加图层3，点击“历史记录”

图 37-23　制作飘雪效果 gif 动态图片步骤 21

22. 执行：窗口/动画

图 37-24　制作飘雪效果 gif 动态图片步骤 22

23. 点击“复制选中的帧”两次，
新建帧2、帧3

图 37-25 制作飘雪效果 gif 动态图片步骤 23

24. 延迟时间全部改为0.1秒
（选“其他”改为0.07秒更佳）

图 37-26 制作飘雪效果 gif 动态图片步骤 24

25. 选择帧1，选择图层1，关闭图层2、3的
“眼睛”

图 37-27 制作飘雪效果 gif 动态图片步骤 25

26. 选择帧2，选择图层2并打开其“眼睛”，关闭图层1、3的“眼睛”
飘雪效果制作素材

图 37-28　制作飘雪效果 gif 动态图片步骤 26

27. 选择帧3，选择图层3并打开其“眼睛”，关闭图层1、2的“眼睛”
飘雪效果制作素材

图 37-29　制作飘雪效果 gif 动态图片步骤 27

28. 点击“播放”按钮预览效果，执行：文件/存储为Web所用格式

图 37-30　制作飘雪效果 gif 动态图片步骤 28

图 37–31　制作飘雪效果 gif 动态图片步骤 29

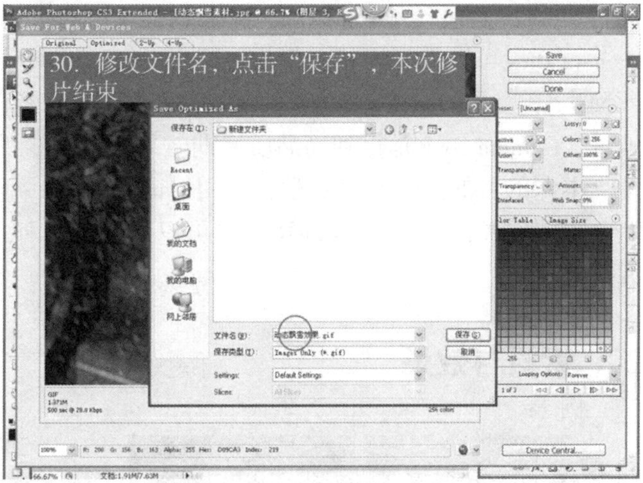

图 37–32　制作飘雪效果 gif 动态图片步骤 30

五、请同学们打开本课素材照片进行练习

六、提问与小结

1. 本次动态图片制作为什么要设置和应用动作？
2. 帧 1~3 效果设置有哪些相同点和不同点？

七、老师的话

通过本次制作，动作的优越性体现出来了，“帧”的概念也更清晰了。

八、思考与练习

1. 本次制作不应用“动作”也可以吗？
2. 你如何理解“帧”的概念？

第 38 课　RAW 照片亮度调整入门（1）

一、引言

RAW 的原意就是“未经加工”，可以理解为 RAW 图像就是 CMOS 或 CCD 图像感应器将捕捉到的光源信号转化为数字信号的原始数据，RAW 格式是未经处理和压缩的格式。

RAW 格式俗称为“无损格式”，JPG 格式对应称为“有损压缩格式”（例：某 1 000 万像素照片 RAW 格式时文件容量为 12M，转成 JPG 格式后文件容量为 2.2M）。

Camera Raw 软件是作为一个转换、调整 RAW 文件的增效工具而随 Photoshop 一起提供的，发展至今，其功能越来越强大，几乎与 Photoshop“平起平坐”。例如：Camera Raw 可以在无损状态下将过曝 1~2 级、欠曝 2 级的照片恢复正常，这简直就是“起死回生”、“重新照一次相”，单凭这一点就已经值得摄影爱好者认真学习了。确切地说，Camera Raw 是得到高品质后期效果不可缺少的一道工序。

本课的目的是让同学们学会应用 Camera Raw 调整 RAW 照片亮度的基本方法。

需要注意的是，Camera Raw 也可以处理 JPG 照片，但对“过曝”、“欠曝”照片无法恢复。

二、素材与效果

例 1：

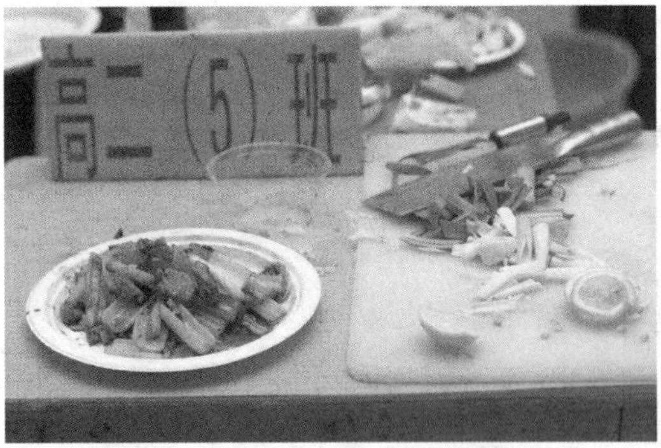

图 38–1　调整 RAW 照片亮度素材 1

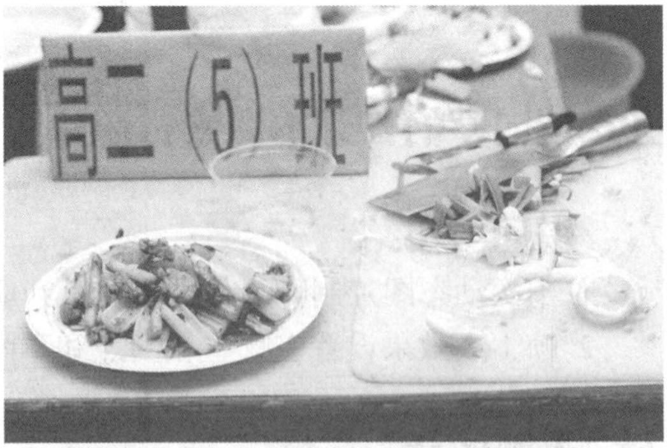

图 38–2　调整 RAW 照片亮度效果图 1

例 2：

图 38-3　调整 RAW 照片亮度素材 2

图 38-4　调整 RAW 照片亮度效果图 2

三、使用工具与命令

使用 Camera Raw 界面、修剪警告、基本调整项。

四、制作过程

例 1：

图 38-5　调整 RAW 照片亮度例 1 步骤 1

修剪警告的颜色含义
白色：代表已被修剪（即已过曝或欠曝）
黑色：代表未被修剪（即未过曝或欠曝）
曝光——调整整体亮度
恢复——压低高光亮度
填充亮光——增加暗部亮度
黑色——调整暗部亮度
亮度——调整灰部亮度
2. 最基本的亮度调整项作用和修剪警告的颜色含义

图 38-6 调整 RAW 照片亮度例 1 步骤 2

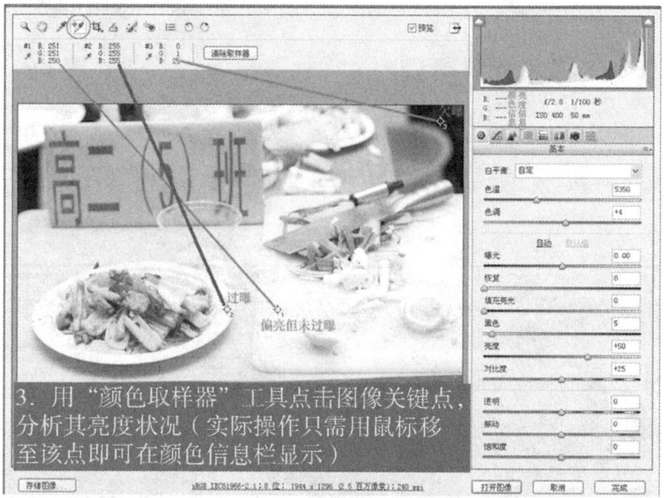
过曝
偏亮但未过曝
3. 用“颜色取样器”工具点击图像关键点，分析其亮度状况（实际操作只需用鼠标移至该点即可在颜色信息栏显示）

图 38-7 调整 RAW 照片亮度例 1 步骤 3

4. （因图像偏黄，先将色温调至4 900，详见下一课）向左调整曝光滑块至“高光修剪警告”刚好变黑——直方图整体左移

图 38-8 调整 RAW 照片亮度例 1 步骤 4

高二（5）班
5. 向右调整曝光滑块至“高光修剪警告”变白或变其他颜色后再稍向右调一点点——直方图稍向右移

图 38–9　调整 RAW 照片亮度例 1 步骤 5

高二（5）班
6. 向右调整恢复滑块至“高光修剪警告”变黑——直方图高光稍向左移

图 38–10　调整 RAW 照片亮度例 1 步骤 6

高二（5）班
7. 向右少量调整填充亮光滑块——直方图暗部稍向右移

图 38–11　调整 RAW 照片亮度例 1 步骤 7

高二（5）班
8. 向左调整黑色滑块——直方图最暗部稍向右移（最理想为“阴影修剪警告”变黑）

图 38–12　调整 RAW 照片亮度例 1 步骤 8

高二（5）班
9. 取消勾选预览，对比调整效果，若不理想可重新调整

图 38–13　调整 RAW 照片亮度例 1 步骤 9

高二（5）班
10. 点击“存储图像”按钮

图 38–14　调整 RAW 照片亮度例 1 步骤 10

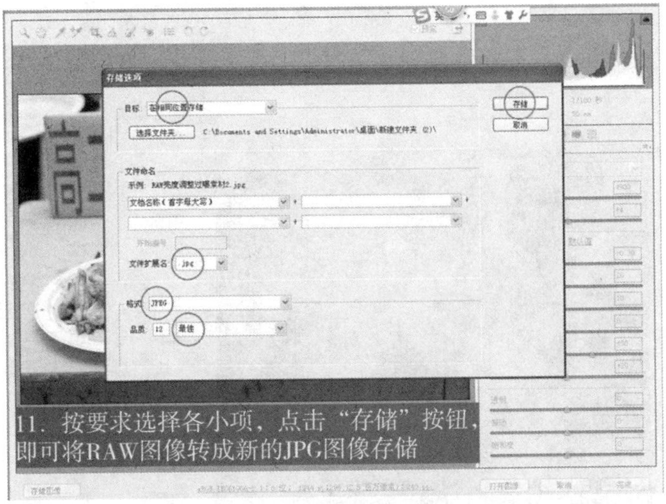
存储选项
存储
取消
11. 按要求选择各小项，点击“存储”按钮，
即可将RAW图像转成新的JPG图像存储

图 38-15　调整 RAW 照片亮度例 1 步骤 11

高二（5）班
12. 也可以不直接存储，点击“打开图像”
按钮

图 38-16　调整 RAW 照片亮度例 1 步骤 12

高二（5）班
13. 在Photoshop界面作进一步调整后再存
储为新的JPG图像（后略）

图 38-17　调整 RAW 照片亮度例 1 步骤 13

例 2:

1. 打开欠曝素材1，分析关键点颜色（亮度）数据，并结合观察分析直方图修剪警告及最高亮度像素的位置

图 38–18　调整 RAW 照片亮度例 2 步骤 1

2. 向右调整曝光滑块，使最高亮度的像素刚好贴近直方图最右端

图 38–19　调整 RAW 照片亮度例 2 步骤 2

3. 向右调整曝光滑块，修剪警告变白后仍继续右移曝光滑块一小段

图 38–20　调整 RAW 照片亮度例 2 步骤 3

图 38–21　调整 RAW 照片亮度例 2
步骤 4

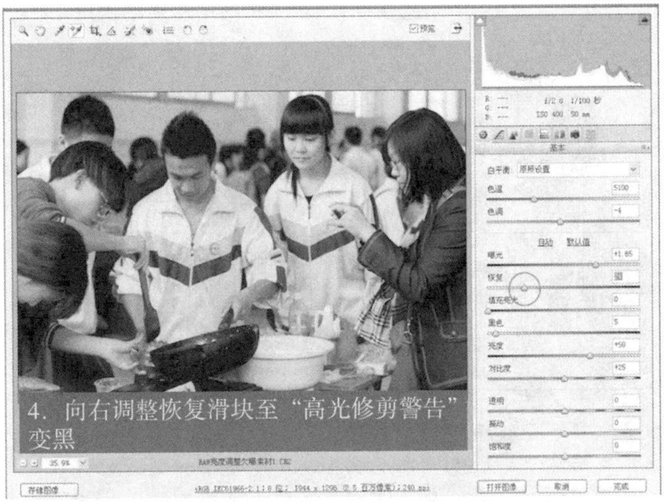
4. 向右调整恢复滑块至“高光修剪警告”
变黑

图 38–22　调整 RAW 照片亮度例 2
步骤 5

5. 向右少量调整填充亮光滑块，向左调整黑
色滑块（最理想为“阴影修剪警告”变黑）

图 38–23　调整 RAW 照片亮度例 2
步骤 6

6. 取消勾选预览，观察对比调整效果。
若不理想可重新调整

7. 点击“存储图像”按钮

图 38–24　调整 RAW 照片亮度例 2 步骤 7

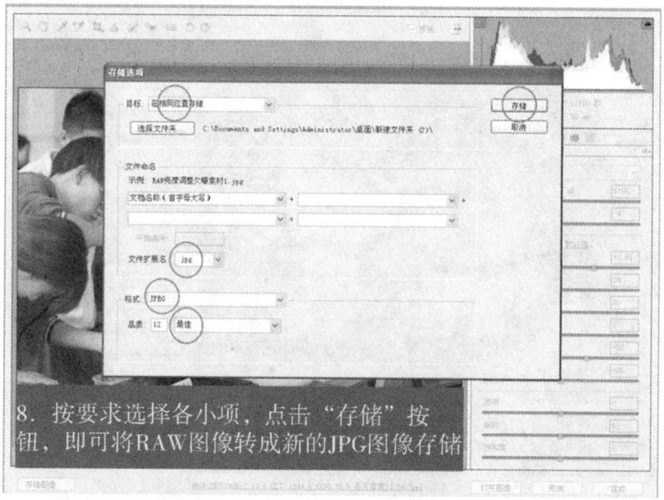
存储选项
存储
取消
8. 按要求选择各小项，点击“存储”按钮，即可将RAW图像转成新的JPG图像存储

图 38–25　调整 RAW 照片亮度例 2 步骤 8

9. 若不想在Photoshop继续处理则点击“完成”按钮，本次的Camera Raw调整图像练习结束

图 38–26　调整 RAW 照片亮度例 2 步骤 9

RAW 文件调整后生成的文件简介：

图 38–27　RAW 文件调整后生成的文件简介

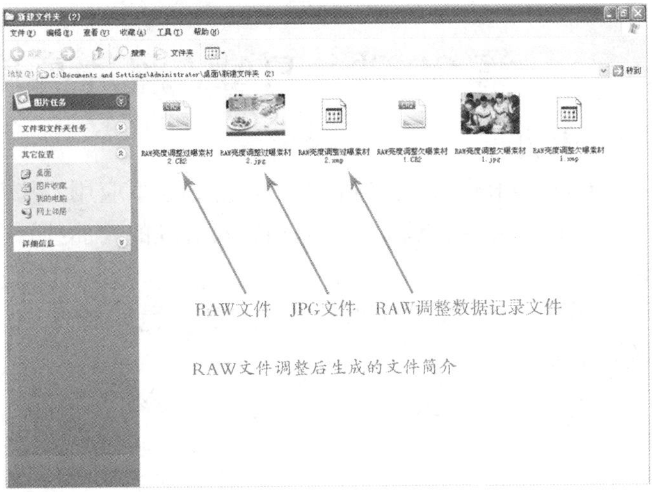

五、请同学们打开本课素材照片进行练习

六、提问与小结

1.Camera Raw 可以拯救过曝或欠曝多少级的 RAW 照片？

2.Camera Raw 最基本的调整项有哪些？ 各有什么作用?

七、老师的话

Camera Raw 可以“救死回生”的意思是将过曝、欠曝 2 级光“丢失”的像素“压缩”回到正常曝光区，从而使图像的细节更加丰富。

八、思考与练习

1. 为什么曝光滑块常常要调到高光略为过曝?

2. 修剪警告不同颜色各表示什么含义?

第 39 课　RAW 照片亮度调整入门（2）

一、引言

Camera Raw 调整 RAW 照片亮度，除了应用“基本”项外，还可以应用“色调曲线”进行处理。此“色调曲线”与 Photoshop 的“曲线”基本一样，实际调整时可选择应用两者之一。

本课的目的是让同学们全面认识“色调曲线”，并且学会应用各分区调整滑块精确调整照片整体亮度的方法。

二、素材与效果

图 39-1　精确调整 RAW 照片亮度素材

图 39-2　精确调整 RAW 照片亮度效果图

三、使用工具与命令

直方图、“基本”调整项、“色调曲线”调整项。

四、制作过程

过曝但区域很小
高亮未过曝
1. 打开素材，分析关键点数据和直方图。本课例目的是拉大“光柱”与环境的亮度反差，不能起到此作用的选项滑块可以放弃不调

图 39-3　精确调整 RAW 照片亮度步骤 1

2．向左调整曝光滑块至“高光修剪警告”变黑

图 39–4　精确调整 RAW 照片亮度步骤 2

3．向右少量调整恢复滑块

图 39–5　精确调整 RAW 照片亮度步骤 3

点“色调曲线”选项按钮
4．向右调整黑色滑块，使直方图最暗像素贴近最左端但“阴影修剪警告”仍保持黑色

图 39–6　精确调整 RAW 照片亮度步骤 4

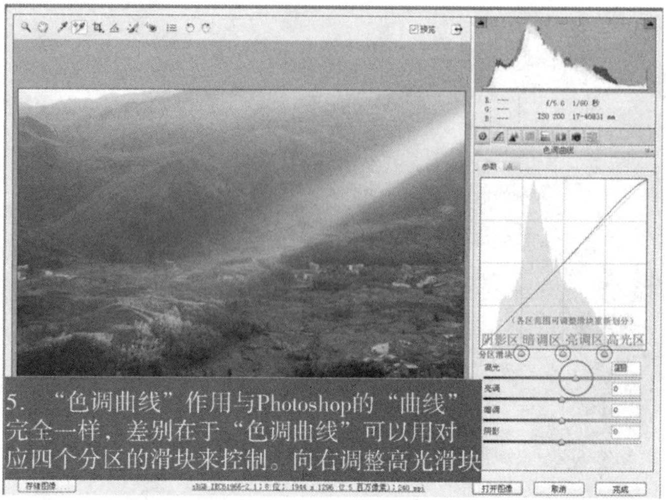
（各区范围可调整滑块重新划分）
阴影区 暗调区 亮调区 高光区
5. “色调曲线”作用与Photoshop的“曲线”完全一样，差别在于“色调曲线”可以用对应四个分区的滑块来控制。向右调整高光滑块

图 39–7　精确调整 RAW 照片亮度步骤 5

6. 向左调整暗调滑块

图 39–8　精确调整 RAW 照片亮度步骤 6

7. 向左调整阴影滑块

图 39–9　精确调整 RAW 照片亮度步骤 7

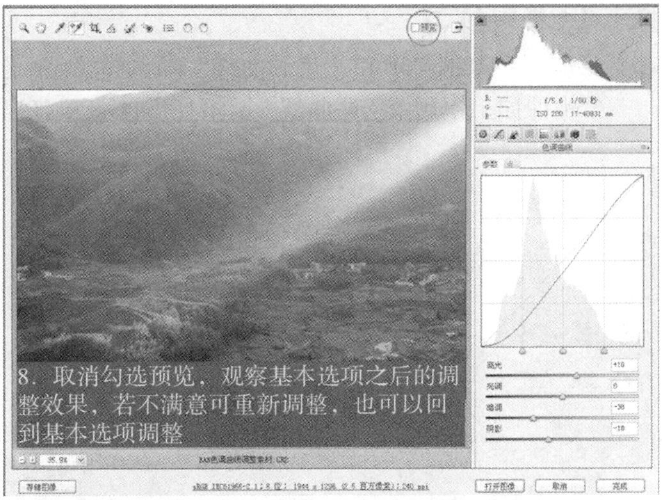
8. 取消勾选预览，观察基本选项之后的调整效果，若不满意可重新调整，也可以回到基本选项调整

图 39-10　精确调整 RAW 照片亮度步骤 8

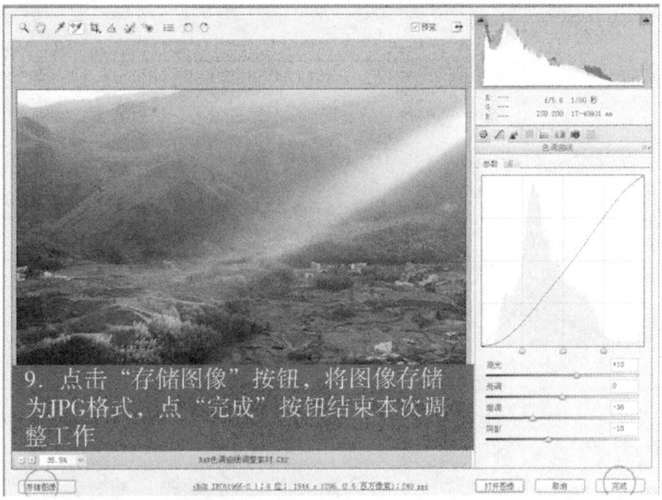
9. 点击“存储图像”按钮，将图像存储为JPG格式，点“完成”按钮结束本次调整工作

图 39-11　精确调整 RAW 照片亮度步骤 9

五、请同学们打开本课素材照片进行练习

六、提问与小结

1. 本次亮度调整应用了几个调整项？
2. “色调曲线” 有多少个分区？每个分区的绝对亮度是多少？

七、老师的话

明确绝对亮度的分段法，对整体亮度的精确处理非常重要。

八、思考与练习

1. 应用“基本”项和“色调曲线”项调整亮度，你认为有什么不同？

2. 本课如果不用“色调曲线”调整亮度，而是用Photoshop的“曲线”来调整，可以吗？

第 40 课　RAW 照片色彩调整入门

一、引言

Camera Raw 调整色彩的方法之多完全不亚于 Photoshop，在纠正白平衡方面更是有独到之处。本课的目的是让同学们学会利用 Camera Raw 纠正白平衡的方法及最基本的调色方法。

二、素材与效果

例 1：

图 40–1　RAW 照片色彩调整素材 1

图 40–2　RAW 照片色彩调整效果图 1

例 2：

图 40–3　RAW 照片色彩调整素材 2

图 40–4　RAW 照片色彩调整效果图 2

三、使用工具与命令

白平衡、色温、HSL/ 灰度。

四、制作过程

例 1：

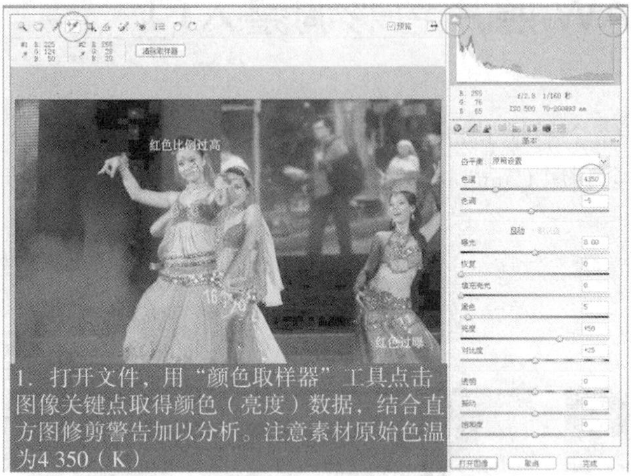
红色比例过高
红色过曝
1. 打开文件，用“颜色取样器”工具点击图像关键点取得颜色（亮度）数据，结合直方图修剪警告加以分析。注意素材原始色温为4 350（K）

图 40–5　RAW 照片色彩调整例 1 步骤 1

2. 白平衡和色温浅解：
白平衡：修正不同光源产生的偏色
色温：特定光源对应特定色温，调整色温就是修正偏色（获得正确的白平衡）

图 40–6　RAW 照片色彩调整例 1 步骤 2

3. 修正偏色通常用三种方法：自动法、预设法、自定法
现在试用自动法——由电脑自动选择正确的色温

图 40–7　RAW 照片色彩调整例 1 步骤 3

4．自动选择的色温是2 850（K），颜色
接近正常。肤色趋向正常，裙子红色饱和
（溢出）现象明显改善

图 40–8　RAW 照片色彩调整例 1 步骤 4

5．预设中的“日光”对应的色温是5 500
（K），图像更加偏色

图 40–9　RAW 照片色彩调整例 1 步骤 5

6．预设中的“阴天”对应的色温是6 500（K）
图像偏色进一步加重

图 40–10　RAW 照片色彩调整例 1 步骤 6

7. 预设中的“阴天”对应的色温是
7 500（K），图像偏色最重

图 40-11　RAW 照片色彩调整例 1
步骤 7

8. 预设中的“阴天”对应的色温是2 850
（K），图像偏色最轻（与“自动”一样）

图 40-12　RAW 照片色彩调整例 1
步骤 8

9. 预设中的“荧光灯”对应的色温是3 800
（K），图像偏色比“白炽灯”重些

图 40-13　RAW 照片色彩调整例 1
步骤 9

10．预设中的“闪光灯”对应的色温是5 500（K），图像偏色比“荧光灯”重些

图 40–14　RAW 照片色彩调整例 1 步骤 10

11．重新选择预设中的“白炽灯”项

图 40–15　RAW 照片色彩调整例 1 步骤 11

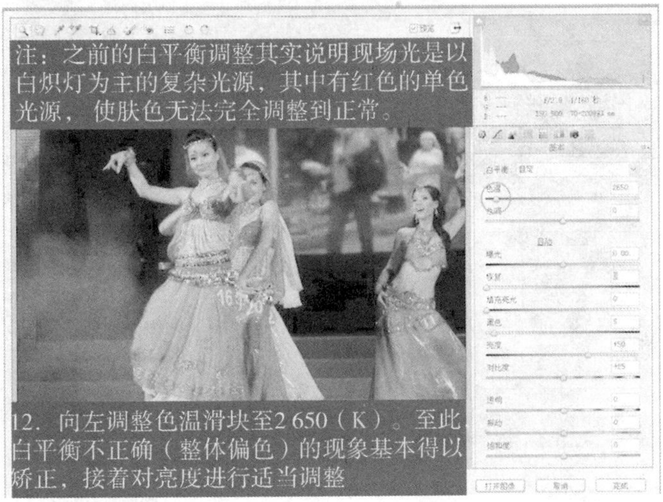
注：之前的白平衡调整其实说明现场光是以白炽灯为主的复杂光源，其中有红色的单色光源，使肤色无法完全调整到正常。
12．向左调整色温滑块至2 650（K）。至此白平衡不正确（整体偏色）的现象基本得以矫正，接着对亮度进行适当调整

图 40–16　RAW 照片色彩调整例 1 步骤 12

13. 向右调整曝光滑块至高光修剪警告变色即略过曝

图 40–17　RAW 照片色彩调整例 1 步骤 13

14. 向右调整恢复滑块至“高光修剪警告”变黑色（可以跳过此步）

图 40–18　RAW 照片色彩调整例 1 步骤 14

15. 向左调整黑色恢复滑块（可以跳过此步）

图 40–19　RAW 照片色彩调整例 1 步骤 15

16. 为比较调整前后图像变化，再次在面部取点分析

图 40-20　RAW 照片色彩调整例 1 步骤 16

17. 取消预览，比较调整前后图像颜色变化

图 40-21　RAW 照片色彩调整例 1 步骤 17

18. 若对色彩进一步细致处理，建议转到 Photoshop，但本课希望大家学习CameraRaw的色彩调整项，点击“HSL/灰度”调整项

图 40-22　RAW 照片色彩调整例 1 步骤 18

19. 一般情况下不调整色相栏，选择饱和度栏

图 40-23 RAW 照片色彩调整例 1 步骤 19

20. 适当调整图像所含单种颜色的饱和度（浓度）。调整以“高光修剪警告”保持黑色为限度

图 40-24 RAW 照片色彩调整例 1 步骤 20

21. 选择调整图像所含单种颜色的明亮度。调整以“高光修剪警告”保持黑色为限度。存储图像后点击“完成”按钮

图 40-25 RAW 照片色彩调整例 1 步骤 21

例 2：

感恩校园　放飞梦想
春
1. 打开素材2，将鼠标置于人面及白衣服上检测颜色（亮度）数据，结合直方图加以分析，发现白衣服红色过多甚至过曝，说明色温过高需要调低

图 40–26　RAW 照片色彩调整例 2 步骤 1

感恩校园　放飞梦想
春
2. 调整（降低）色温至2 600（K），可见肤色及白衣服恢复正常，但发现高光略过曝

图 40–27　RAW 照片色彩调整例 2 步骤 2

感恩校园　放飞梦想
春
3. 向右调整恢复滑块至“高光修剪警告”变黑

图 40–28　RAW 照片色彩调整例 2 步骤 3

感恩校园 放飞梦想
4. 向左调整黑色滑块，尽量减少欠曝的像素

图 40-29　RAW 照片色彩调整例 2 步骤 4

感恩校园 放飞梦想
5. 取消预览，观察对比调整效果

图 40-30　RAW 照片色彩调整例 2 步骤 5

感恩校园 放飞梦想
6. 存储图像后点击“完成”按钮，本次调整练习结束

图 40-31　RAW 照片色彩调整例 2 步骤 6

五、请同学们打开本课素材照片进行练习

六、提问与小结

1. 什么是“白平衡”和“色温”？

2. 如何简单判别色温过高还是过低?

七、老师的话

现在有一些 Camera Raw 调色爱好者，其绝大部分的调整色彩工作都在 Camera Raw 中完成，效果很好。

八、思考与练习

1. 什么情况下相机的白平衡会产生偏差?

2. Camera Raw 调整色温可以完全纠正相机的白平衡偏差造成的肤色偏色吗？不行的话 , 可以在 Photoshop 用什么方法继续处理?